早稲田教育叢書
20

地球環境システム

円城寺 守 編著

学文社

密林を抜けたとき，余りの明るさに，思わずたじろいだ。
蒼色の空と緑色の平原が，見渡す限り拡がっていた。
遠くに一閃，稲妻が走る。不安があった。
風の音が空にこだまする。怯えがあった。

稍あって，逡巡の中でヒトは声を聞いた。
・・・『進め！』・・・と。
未知に対する好奇の囁きかもしれなかった。
背後に迫る恐怖が呼んだ幻聴だったかもしれない。

東アフリカ・リフトバレーの東側を限る断崖
（ケニア，ナイロビ北西方）［坂　幸恭描画］

この地でヒトは生れた。
500万年前のことである，という。
その頃，ヒトの目に地球は大きかった。
・・・・とてつもなく大きかった・・・・。

陸上で見られる海洋プレートの岩石

大陸プレートの下に沈み込んでしまうはずであった海洋プレートが'まちがって'大陸プレートに乗り上げたもの（トルコ南部ハタイ地方）。A. 最上位を占める溶岩。B. ほぼ垂直の狭い割れ目の中で固結した岩石。C. 割れ目にマグマを送り出すマグマ溜まりの中で固結してしまった岩石。D. 溶融しそこなったマントルの岩石。白い部分はいったん融けた部分。E. 同前。融けずに固体の状態を保っていたため、著しく破砕されている。

[坂 幸恭撮影]

付加体を構成する地層

A. 陸地から海溝に運び込まれた砂と泥からなる、約1億年前の地層（ロシア、ハバロフスク北東方。大陸から分離する日本列島に取り残されて、大陸東縁にとどまっている部分）。B. 同前。一枚一枚の地層が、大陸から海溝に流れ込んだ海底地すべりによって堆積した。C. 遠洋で堆積して海溝までやってきて約5千万年前に沈み込み、著しく褶曲した地層（アメリカ、サンフランシスコのゴールデンブリッジ近く）。放散虫というプランクトンの珪質の殻が集積したもの。D. 約1億年前に沈み込む際かその直後に、ズタズタに寸断された地層。もとはB.のように整然とした地層をなしていたと考えられる（三重県礒部町）。

[坂　幸恭撮影]

阪神淡路大震災
　A. 野島江崎地区の水田に生じた杉型雁行（右雁行）割れ目。雁行配列の様式から，地下に右横ずれ断層があることがわかる。B. 小倉地区の生け垣のずれ。C. 三宮北口のビルの倒壊。D. 神戸大橋橋脚基底部のずれ。下にドラムがあり，基底部でずれたために橋に歪みがかからなくなっていた。E. 北淡町の野島断層保存館。1995年地震断層のずれや液状化現象，地震災害などを見学できる。

[髙木秀雄撮影]

火山の姿

　A. ハワイ島マウナケア火山。B. 同前，パホイホイ溶岩。C. 三宅島雄山，1983年噴火の溶岩流の最前部。D. 同前，焼失した森林。E. 大島三原山，1990年噴火の溶岩流。F. 同前，溶岩流の最前部。G. 浅間火山，1783年の火砕流で埋まった寺の階段跡。H. 同前，鬼押し出しの溶岩。

[AとB：高木秀雄撮影]

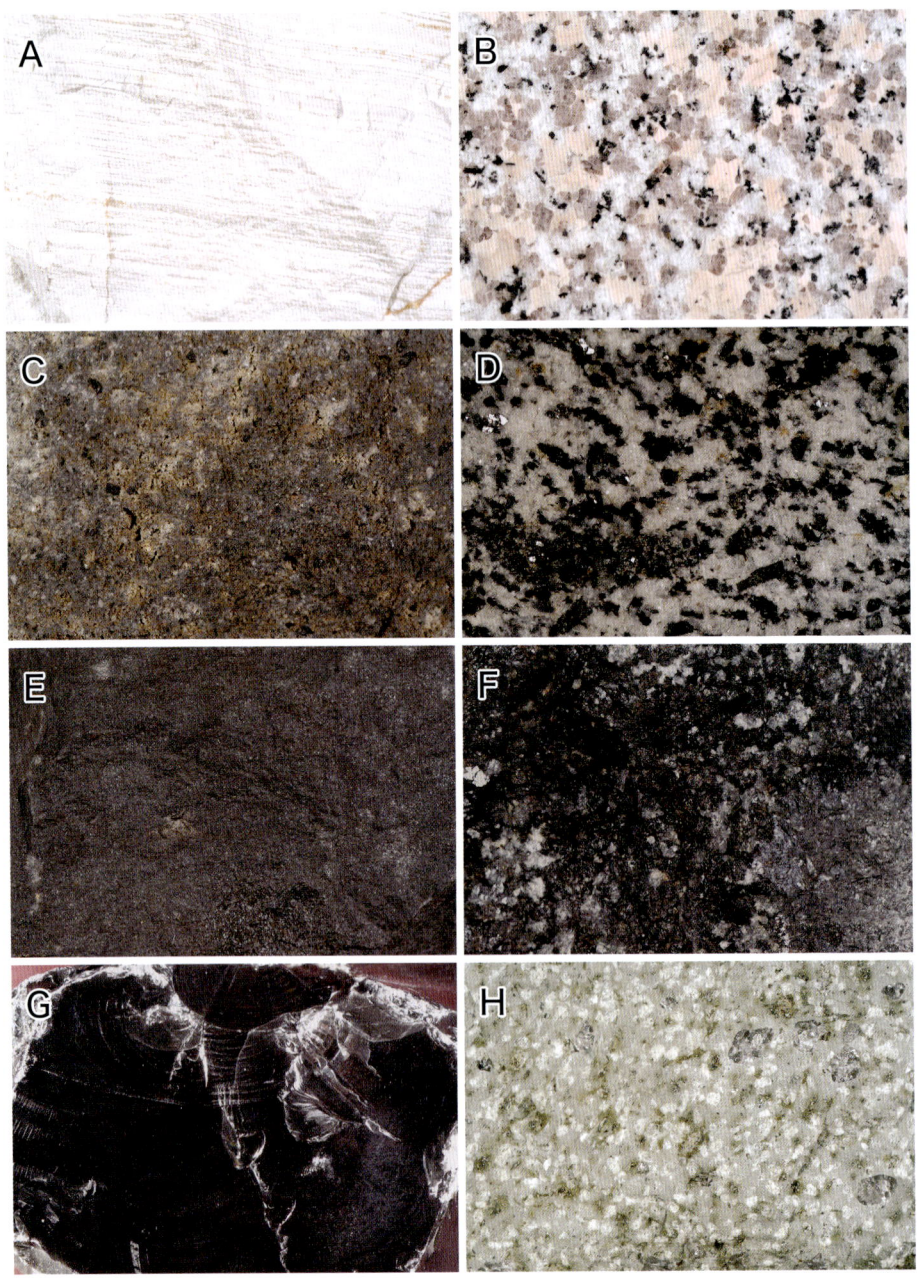

代表的な火成岩
 A. 流紋岩（新潟県新発田市赤谷）。B. 黒雲母花崗岩（岡山県岡山市万成）。C. 紫蘇輝石普通輝石安山岩（長野県諏訪市上諏訪）。D. 角閃石石英閃緑岩（愛知県南設楽郡作手村）。E. かんらん石玄武岩（兵庫県豊岡市玄武洞）。F. 角閃石斑れい岩（福島県石川郡石川町）。G. 黒曜岩（北海道十勝郡十勝川）。H. 石英安山岩（宮城県白石市小原）。写真の横幅は 7 cm。

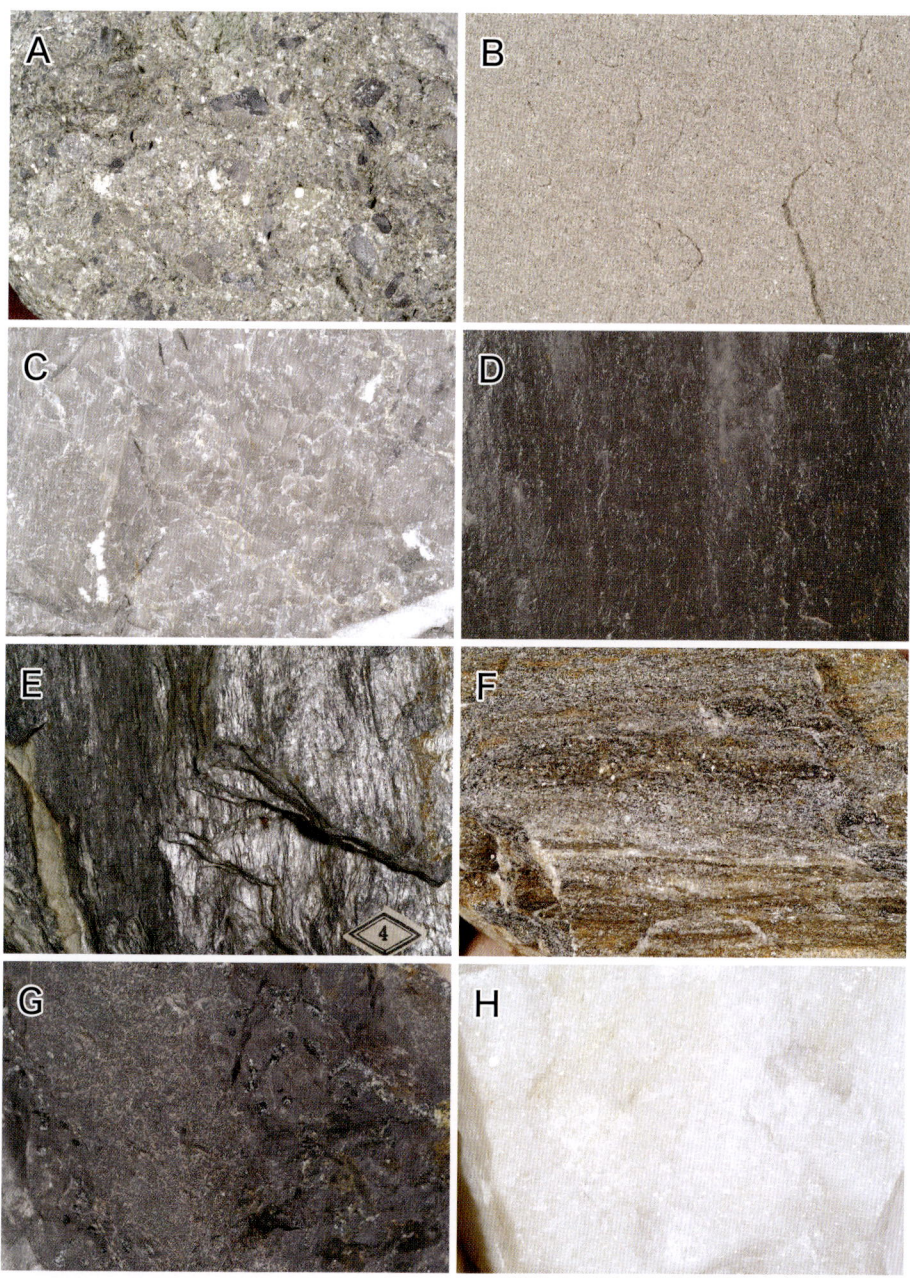

代表的な堆積岩と変成岩

A. 礫岩（山梨県南巨摩郡上佐野）。B. 砂岩（静岡県藤枝市鬼岩寺）。C. フズリナ石灰岩（栃木県安蘇郡葛生町）。D. 粘板岩（宮城県桃生郡雄勝町）。E. 石墨片岩（埼玉県大里郡波久礼）。F. 黒雲母片麻岩（福島県石川郡石川町中田）。G. 含菫青石ホルンフェルス（群馬県勢多郡東村）。H. 晶質石灰岩(大理石)（茨城県太田市真弓山）。写真の横幅は 7 cm。

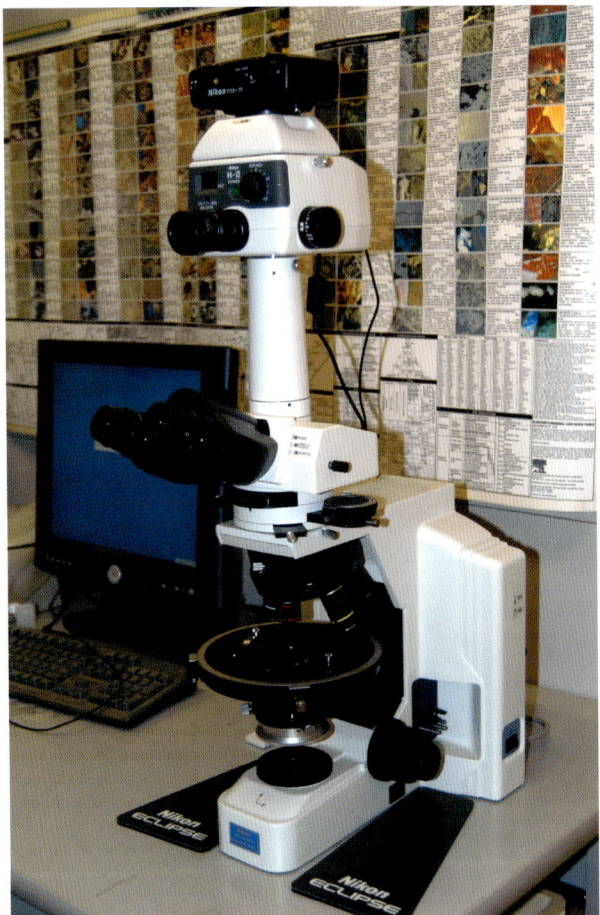

岩石顕微鏡
結晶などの光学的性質を利用して鉱物の種類や産状・性状から岩石や鉱石の性質を調べる装置。偏光板が装着されているため、偏光顕微鏡ともいう。

— $200\mu m$

火成岩の組織
　　火成岩の組織はマグマの固結過程を反映している。
　　　（左）等粒状組織：愛知県岡崎市米河内産の複雲母花崗岩（直交ポーラー）
　　　（右）斑状組織：アリゾナ州 SP Mountain 産のかんらん石玄武岩（直交ポーラー）

多すぎる水と少なすぎる水

AとB. 地球温暖化による山岳氷河の後退。カナダ，ロッキー山脈にあるアサバスカ氷河。1956年には，氷河の末端は石碑の位置にあったが，今では遥かに後退している様子が分かる。C. バングラデシュ，ブラマプトラジャムナ川を行く帆かけ舟。この川はバングラデシュの中央を南北に流れる大河。中洲がたくさんあり川幅は 10 km 以上になる。日本のODAで橋がかけられた。D. ブラマプトラジャムナ川の堤防と「洪水難民」。国土の大半が低地のため，洪水で家を失った人々は唯一の高台である堤防の上で生活していた。E. カリフォルニア州デスバレー，Bad Water の塩湖。F. 同前の砂丘。

［AとB：平野弘道撮影，CとD：久保純子撮影］

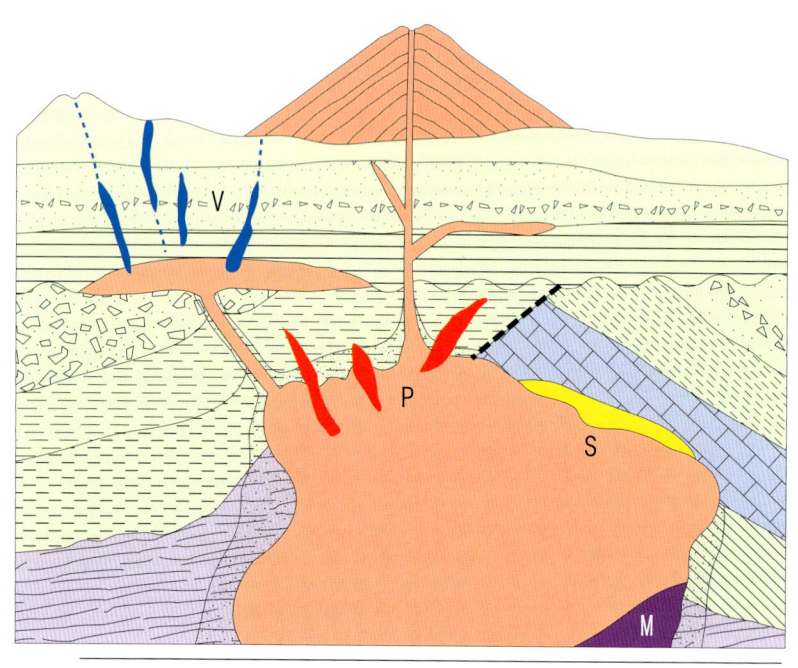

鉱床の種類	V	鉱脈鉱床	P	ペグマタイト鉱床
	S	スカルン鉱床	M	正マグマ鉱床

岩相		火成岩		熱変成岩
		堆積岩		石灰岩
		変成岩	▬ ▬	断層

火成鉱床の生成

　火成鉱床は，マグマの活動に関連して生成される鉱床である。マグマからの寄与は構成元素そのものであったり，熱源であったり，両者であったりと色々に考えられている。マグマの活動に伴って，鉱物が移動したり，岩石に生じた空隙中に鉱物が集合することにより，特定の元素が濃集して様々な鉱床が作られる。

主要な鉱石

A. ペグマタイト（福島県石川郡石川町産）。B. スカルン（晶質石灰岩中のざくろ石スカルン，埼玉県秩父郡大滝村秩父鉱床産）。C. 含金銀石英脈（北海道千歳市美笛番外地千歳鉱床産）。D. 黒鉱（秋田県鹿角郡小坂町古遠部鉱床産）。E. 縞状鉄鉱（始生界のジャスピライト，ストロマトライト構造を伴う，オーストラリアW.A.州Hamersley Range産）。F. 含銅硫化鉄鉱（愛媛県伊予三島市金砂町佐々連鉱床産）。写真のスケールバーは3 cm。

地質時代の事変

[平野弘道撮影]

AとB. モンゴル国ゴビ砂漠とそこから産出した白亜紀恐竜タルボサウルス。現在は砂漠だが、1億年前の温室時代には緑豊かな土地だった。気温が変わると気候帯が変わる。

CとD. デンマークのモンスクリント海岸。白亜のチョーク（$CaCO_3$）からできている。1億年前の海に堆積した植物プランクトンからなる。大量の二酸化炭素を海底に固定させ、白亜紀温室時代の気温を徐々に低下させた。生物が地球環境を変化させた例。D.で指しているところが白亜紀（下）と第三紀（上）の境界。隕石衝突により舞い上がった塵（厚さ1cm）が境界に堆積している。この出来事により、恐竜をはじめ地球上の動物の多くが絶滅した。地球環境は天体によっても変化する。

EとF. フランスの南東部、ル・イッソールの崖。全体は白い石灰岩からなる。写真F.の中程に人がいる。その上に黒い地層がある。白亜紀海洋無酸素事変により形成された。活発な火山活動に由来する急速な気温上昇により、海洋動物の多くが絶滅した記録である。地球環境は地球内部の活動によっても変化する。

地質年代表

第四紀更新世の後、1万年前より現在までを完新世 Holocene とよぶ。
(データは米国地質学会による。Ma：10^6年前)

紀 Period	世 Epoch	Ma
第四紀 Quaternary	更新世 Pleistocene	1.8
第三紀 Tertiary 新第三紀 Neogene	鮮新世 Pliocene	5.3
	中新世 Miocene	

紀 Period	世 Epoch	Ma
第三紀 Tertiary 新第三紀 Neogene	鮮新世 Pliocene	5.3
	中新世 Miocene	23.8
古第三紀 Paleogene	漸新世 Oligocene	33.7
	始新世 Eocene	54.8
	暁新世 Paleocene	65.0
白亜紀 Cretaceous		

代 Era	紀 Period	Ma
新生代 Cenozoic	第三紀 Tertiary	65
中生代 Mesozoic	白亜紀 Cretaceous	144
	ジュラ紀 Jurassic	206
	三畳紀 Triassic	248
古生代 Paleozoic	二畳紀 Permian	290
	石炭紀 Carboniferous (Pennsylvanian / Mississippian)	323
		354
	デボン紀 Devonian	417
	シルル紀 Silurian	443
	オルドビス紀 Ordovician	490
	カンブリア紀 Cambrian	540
先カンブリア時代 Precambrian		

累代 Eon	代 Era		Ma
顕生累代 Phanerozoic	中生代 Mesozoic		65
	古生代 Paleozoic		248
隠生累代 Cryptozoic	原生代 Proterozoic	後期	540
			900
		中期	1600
		前期	2500
	始生代 Archean	後期	3000
		中期	3400
		前期	3800
	冥王代 Hadean		4500

受難の動物たち

A. ベローシファカ（霊長目）：マダガスカルにのみ生息するキツネザルの仲間。長い後肢で木から木へと跳び移る。B. 東アフリカのタイヨウチョウ（鳥類）：全長 10 cm ほどの小さな鳥で、ホバリングしながら花の蜜をなめる。巣づくりしているところ。C. ガラパゴス諸島のリクイグアナ（爬虫類）：南米、エクアドルの沖合い 1000 km に位置するガラパゴス諸島には、この島固有の生物がたくさんいる。リクイグアナはその一種。絶滅に瀕している。D. ガラパゴス諸島のゾウガメ（爬虫類）：この島固有の生物。絶滅に瀕していて、ダーウィン研究所で人工繁殖されている。E. スリランカのアジアゾウ（長鼻目）：ゾウは、雌たちが母系の集団で暮らし、雄は単独性である。近年、開発によって生息地が急速にせばめられている。

［長谷川眞理子撮影］

廃棄物の行方

　A. 家庭からのゴミなどの一般廃棄物は，曜日ごとに分けて収集される。B. 刈り取られた芝はその場で燃やされて煙害を引き起こす。農業廃棄物の焼却は法的に許されているとはいうが・・・。C. 農作業の廃材にはビニールなども混じっていて，野焼きのついでに・・・。D. 材木も再利用されずに燃やされることが多い。E. リサイクルの可能な資源が分別されずに廃棄されていく。F. 油の浮いたこの川にも，かつては沢山のメダカが生息していたのだが・・・（茨城県つくば市にて）

　　　　　　　　　後　注：口絵のうち，［撮影者］を示してある写真では，説明文も当人による。
　　　　　　　　　　　　　それ以外の文・図・写真および説明文は円城寺　守による。

生命の賛歌

　　生命は単独では存在し得ない。
　　生きとし生ける物を取り巻くシステムを眺めてみよう。
　　・・・この地球は彼らのものでもある。

まえがき

　昔，人が小さかった頃，ヒトの目に地球は大きかった。山はどこまでも高く，海はあくまでも深かった。鳥が飛んでゆく先には果て知れぬ海原が拡がり，夜の闇には明日がこないかもしれない不安があった。地が揺れ，山が火を噴いても，それが何故なのかは計り知れなかった。わけも知らず恐れおののき，怯えながら人は生きていた。風が吹き季節が移ろうて，人は自然とともに生きていた。人と人，物と物との関係は単純で，事と事とをつなぐ糸は滑らかにみえた。山のあなたの遠くの空に幸いを求めて人は生きていた。

　知識が集積されて，活動範囲が広がり，ヒトの目に地球はだんだん小さくなった。空間は狭くなり，時間は短くなった。長旅が小旅行となり，やがてお出掛けとなった。扱うものの質が変り量が大きくなった。影響が形を変えて現れ，またひょんなところから桶屋が顔を出す。昨日の出来事が今日の作業に直結するようになった。遠くの国の出来事に今日はこの国も反応している。汚染の伝播も早く，影響も大きい。予測も立てられるようになったが，ひとたび事故が起きるとその規模は膨大なものとなった。

　もはや一つの現象は単独では成立し得ない。多くの事物が連動し，多くの物と事がたがいに関連しあい，多くの事象が複雑に絡みあい互いに影響しあって動いている。空気の煌き，風の囁き，水の香りさえ，張り巡らされたニューロンを伝い，エーテルの海を駆け抜ける。

　物質の誕生もその変遷も，生命の胎動もその消滅も，目に見えぬ糸に操られている。造化の妙，自然の巧み，輪廻転生。それを規制し，自制し，操り導く，その知恵も方策も，森羅万象がシステム的に関連している，とみてもよい。
　絡んだ糸の先にあるものは何か？　そのトリガーを引くのは誰か？
　我々は，どんな環境を，次の世代に残すのか。地上に起こる事象や社会における現象を，その考え方や対処の仕方を，一つのシステムの中で考えたら……

　昨日まで余り意識しなかった地球規模のシステムが見えてくれば幸いである。

2004年1月　　　　　　　　　　　　　　　　　　　　　　　　　　　編　者

目　　次

口　絵

はじめに

地球科学と環境システム

1　地球の 48 億年　　　　　　　　　　　　　　（坂　　幸恭）………6
1　熱機関としての地球　2　固体地球の構成　3　地球内部熱
4　プレートテクトニクス

2　地震と活断層　　　　　　　　　　　　　　（高木　秀雄）………29
1　地震　2　活断層

3　火山の活動と災害　　　　　　　　　　　　（円城寺　守）………54
1　岩石と鉱物　2　火山の活動と災害　3　火山岩の研究例

4　地球システムと水　　　　　　（久保　純子，高橋　一馬）………78
1　地球の水循環と人間　2　多すぎる水　3　足りない水

5　鉱物資源の生成　　　　　　　　　　　　　（円城寺　守）………109
1　いろいろな資源　2　金属鉱床の生成　3　鉱床生成媒体としての流体包有物

生命科学と環境システム

6 地球システムに由来する古環境変動　　　（平野　弘道）……128
 1　環境とは　　2　環境変動のテンポ　　3　周期的に変動する地球環境
 4　歴史的変遷を考えるときの注意

7 生物多様性の意味とその保全　　　（長谷川眞理子）……136
 1　生物多様性とは何か　　2　生物多様性の測定と機能　　3　絶滅の歴史
 4　生物多様性保全の理念

8 生 物 界 と 生 態 系　　　（櫻井　英博）……153
 1　生物が自然界に占める地位とその特色　　2　生　態　系

9 農　薬　の　功　罪　　　（藤森　嶺）……176
 1　食物連鎖とヒト　　2　食糧の質と量　　3　農　　薬

社会科学と環境システム

10 効率性 vs. 共　生 ?　　　（藁谷　友紀）……196
 1　市場経済システムとは何か　　2　市場が機能するための条件と市場の失敗
 3　環境問題と経済学　　4　環境問題と経済

11 持続可能な経済・社会への転換の課題　　　（北山　雅昭）……206
 1　環境保全製品政策について　　2　EU 電気・電子機器廃棄物指令

おわりに

索　　引

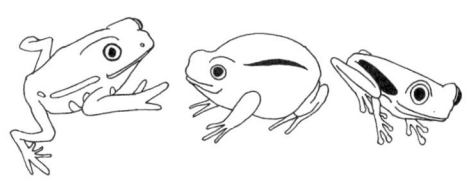

地球科学と環境システム

　遥か昔，混沌の中から秩序が生れ，運動が凝縮して物質に変わった。物質は繰り返して流転し，やがて多くの天体が生れた。天体は，位置を変え形を変えて，なお彷徨い続けた。

　太陽，惑星，衛星，そして塵。以来，50億年。この時計は時を刻み続けている。移ろい行く時の間に，賓客を迎えては，また姿を変えた。

　外界から見ると太陽の光を反射した地球の青が眼に優しい。水を湛えた海の色だ。赤茶けた陸地も見える。砂漠と山岳と荒野の色である。

　時に地球の表面が軽くひきつると，地震が起こる。その表面近くでマグマが暴れても，人頭でいえばその大きさはニキビにも満たない。60億のひしめく人間はウィルスよりも小さい。しかしその人類は智を追い続けた。薄皮のようなその表面から数々の宝を手に入れ，それを生活の糧とした。いまや6m先の小さなピンポン球に手を触れ，850m先の赤いソフトボールにまで手をかけた。

　ウィルスは余りにも小さく，この地球そのものに影響を与えることはない。しかし，表面の水は汚れ，土は痩せて，植物も消えようとしている。ウィルスはその環境に自ら埋没せんとしている。彼らはどこに行こうとしているのか。狭くなったこの地球をビオトープと考えてみたら……

　往年のSF作家は人類に海を開発させた，宇宙空間よりも先に。しかし人類は宇宙を選んだ。魅力的な宇宙，謎に満ちた宇宙。しかし，この地球の内部に，海に，まだやらなければならない多くを残している。

　日から生れ月を生じ，水を育み，金と土とを生み出してきたシステム。そして，大地の変動と物質の消長に代表される世界である。

長野県軽井沢町白糸の滝

地球の46億年

坂　幸恭

1　熱機関としての地球

熱機関とは

　日常的になじみのない語である。「熱エネルギーが他の形態のエネルギーに転換されることによって機能している系」などと堅苦しく定義すればなおさらわかりにくい。

　身近な例で熱機関を紹介しよう。自動車は，エンジンのシリンダー中でガソリンを急速に燃焼させ，発生したガスの圧力によってピストンを動かし，それを車輪に伝えて走る。太陽熱発電はいうまでもなく，潮汐発電以外の発電機構も熱機関である。電気は磁石にかこまれたタービンを回転させて発生させる。火力や原子力，地熱発電ではそれぞれの熱によって発生した水蒸気を噴射してタービンをまわす。風力発電と水力発電は熱とは縁がないようにみえるが，風力発電では太陽熱によって動く大気の流れである風を利用し，水力発電では，蒸発した海水が上空で冷やされて雨や雪となって降った水つまり太陽熱によって海から汲み揚げられた水が流下する勢いを利用している。

地球—その創生と現在のすがた

　地球がどのような熱機関であるか，を考える前に，地球の概要を通覧しておこう。「地球を覆う豊かな海」，「地球をとりまく大気」，「地球が育む生物」な

どという詩的な表現をよく目にするが，これはとんでもないまちがい。大気も海水も生物も地球の付属物ではなく，地球の一部分をなしている。

　一足先に誕生した太陽のまわりで，星間物質（宇宙塵や隕石などの微小な物質）が同心状の輪をなしてめぐっているうちに，それぞれの輪のなかで凝集を始め，やがて惑星へと成長していった。その1つである地球も約46億年前に生成した。その過程は次のように考えられている。'凝集の核'に重い物質も軽い物質も無秩序に付加してその塊りの質量が増大するにつれて引力も大きくなり，地球の卵は雪だるま式に成長していく。やがてまわりの星間物質があらかたとり込まれて原始地球が誕生した。この時，地球はそれ以後はけっして経験することのない状態を経た。宇宙にあってごく低温の星間物質が成長途上の地球に衝突する。先にとり込まれた物質はその外側につけ加わった物質によって圧縮されて発熱する。無秩序に原始地球をつくっていた物質は重さにしたがって配列を変える過程で熱を発生させる。いずれも熱エネルギー⇨運動エネルギーとは逆の，運動エネルギー⇨熱エネルギーの現象，急停車したり走行中の車のタイヤが熱くなる，というあの現象である。この熱によって地球はいったん溶融状態になったらしい。このため地球内部で重い物質の降下，軽い物質の浮上がスムーズに進んだ。高温でガスとなった物質は融けている地球から抜け出してそのまわりをとりかこむ（図1）。よほど軽いガスは，生まれたての地球の引力を振り切って再び宇宙空間に逸散したであろう。原始大気中に大量に入り込んだ水蒸気は，地球創生にともなって発生した熱が失われ，地球全体が冷えていく過程で，凝結して水となって降り注ぎ，溶融状態から固体となった部分の表面の凹部を満たした。このようにして，地球は固体地球，その表層を覆う海洋（水圏），さらにその外側の大気（気圏）という3つの対等な要素に分化した（図2）。生物はこれら3者の境界領域でそれぞれの構成物質が一時的に結合している物体，つまり地球の部品である。先の詩的な表現をあやまりとする理由は以上の通りである。

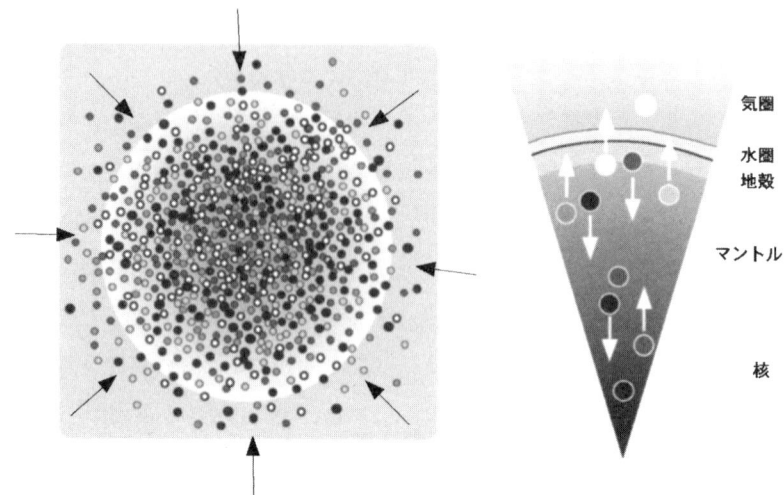

図1 星間物質の凝集による地球の生成（左）と内部分化

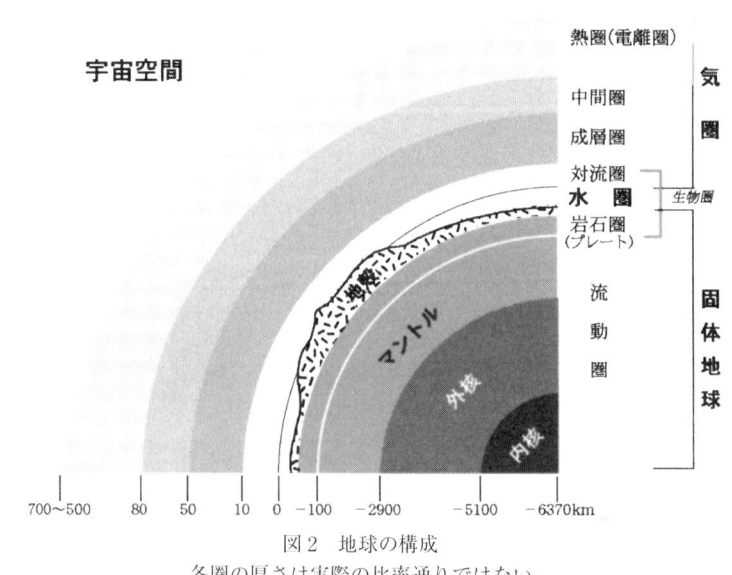

図2 地球の構成
各圏の厚さは実際の比率通りではない。

　図2で，気圏の最も外側を占める熱圏（電離圏）の上限の高度が500〜700 km となっているのは，正確にその高度を決めることができないことによる。気圏と真空の宇宙空間はシャープな境界で限られているのではないことを表している。つまり地球は明確な境界を経ずに，宇宙空間に移行しているのである。ちなみにスペース（宇宙）シャトルと呼ばれているNASAの探査船の運航高度は約400 km，つまり地球の外縁に近いとはいえ，厳密には地球の領域に属している。大気の分子が地球の重力にとらわれている領域にありながら，スペースシャトル内部ではなぜ無重力状態となっているのであろうか。それはスペースシャトルがこの高度で一定の速度をもって地球をめぐっているからである。それによって生まれる遠心力と地球の重力とがちょうど等しく，したがってシャトル内部では重力を感じない。シャトルは'宇宙にあるから無重力状態にある'のではなく，'宇宙にとどまるために自らを無重力の状態においている'のである。

2　固体地球の構成

　'地球は熱機関'というフレーズは気圏，水圏，固体地球のいずれにもあてはまる。気圏のいちばん底を占めている対流圏は，太陽熱によって不均等に暖められた地表や海面から大気に伝わった熱の不均等な分布を均等にしようとする調節（大気循環；気象現象を引き起こす）がおこなわれている場にほかならない。海洋でも不均等に暖められた海水が同様の動き（海洋循環；海洋はその表われ）をおこなっている。水圏も気圏もこのように独自の熱機関をなしている。それでは固体地球はどのような熱機関であるのか。

　固体地球は4つの部分に分かれている（図2）。（以下，いちいち固体地球と称するのは煩わしいので，単に地球と呼ぶことにする）。表層の地殻は最も軽い物質（岩石）からできている。その下のマントルはそれより重い岩石からで

きている。中心部を占める外核（液相）と内核（固相）は鉄-ニッケルからできていて最も重い。この構成が推定された経緯は紙面の都合で割愛する。

　構成物質の組成と状態から地球は同心状に4区分されるが，それぞれの挙動（力に対してどのようにふるまうか）に着目すると，岩石圏（リソスフェア）と流動圏（アセノスフェア）の2つに大別される。岩石圏には地殻とマントルの最上部が含まれ，厚さは平均して約100 km程度である。マントルの大部分と核は流動圏に属する。両者はどのように違うのか。一口でいえば，流動圏は固体でありながら長期間にわたって作用する力に対しては流体のように反応する（ただし外核は現実に溶融していると考えられる）。溶融または溶解している状態つまり液体でもないのに，あたかも流れるような挙動（流動）を示すのである。このことはなかなか理解しにくい。岩石のなかに小さい割れ目が一時的に生じ，それに沿って微小部分がずれたり回転したりして，巨視的には岩石全体がなめらかに変形（流動）するようにみえるメカニズムが考えられている。これに対して岩石圏はそのような流動変形をすることができず，巨視的に切れたり割れたり，力がかかっている間だけ板のようにたわんだり，つまり堅固な物体としてふるまう。

岩石圏の構成

　地球を熱機関たらしめているのは，流動圏をなすマントルと核である。核はその上のマントルに熱的な影響を及ぼしているはずであるが，マントルの岩石と核の鉄-ニッケルとの間で混合は起こっていないので，以下，マントルとその上の岩石圏に話を限る。

　岩石圏は地殻と上部マントルからなる。地殻とマントルはよく鶏卵の殻と白身に例えられるが，鶏卵とは少し異なる。地殻が最表層をなすことは卵と同じであるが，実は地殻はどこでも同じではなく，大陸をつくっている地殻と海洋の地殻とでは厚さ・構成とも大きく異なる（図3）。大陸地殻は上半分がやや軽い物質（花崗岩質層；密度 $2.8\,g/cm^3$，厚さ 20〜40 km），下半分がやや重い物質

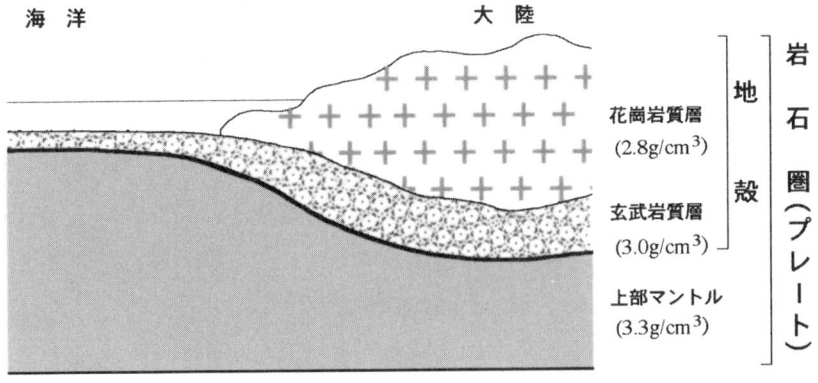

図3　岩石圏の構成

（玄武岩質層；$3.0\,\text{g/cm}^3$, $10\sim20\,\text{km}$）からなる二重構造で，そのぶん厚い（$30\sim60\,\text{km}$）。海洋地殻は大陸地殻の下半分と同様のやや重い物質からなる単層構造で薄い（玄武岩質層；$3.0\,\text{g/cm}^3$, $5\,\text{km}\pm$）。上部マントルは玄武岩質層より1割ほど重い物質からなる（$3.3\,\text{g/cm}^3$）（図3）。地球創生期の分化の際に，最も軽い固体物質が地球表面を一様に覆うことなく，局所的に濃集したのが大陸の地殻である。これに対してもう少し重い物質が海洋地殻や大陸地殻の下半分をなして表層を一様に覆っている。つまり，大陸地殻がある部分が大陸，それがない部分が海洋である。当たり前のようにきこえるが，これはまったくの偶然にすぎない。

世界地図では大陸地殻の領域の大部分が陸地，海洋地殻の領域は海とされている。いうまでもなく陸地は海面より高い部分，海は低い部分である。この地理的な海と陸は，地球（これは固体地球の略ではない）が保有する海水の表面によって区別されている。海水があろうとなかろうと，陸地を大陸地殻部分，海洋を大陸地殻を欠く部分と定義しても世界の海陸分布は現在とほとんど変わらない。大陸地殻でありながらたまたま海水に覆われている大陸棚と大陸斜面が陸に加わり，海洋地殻が海面上に顔を出している部分（アイスランドやハワイ諸島などの海洋島）が海にくみ込まれるだけである。海水面がたまたま両地

殻の境界付近に位置しているだけのことである。

地表に働く力とエネルギー

力とエネルギーとは意味の異なる物理量である。その両者を対等に扱うのには問題があるが，ここで力とエネルギーの関係を論じることは避けて，それが及ぼす効果つまり作用というほどの意味で用いる。

地球の表面起伏に影響する作用を及ぼしている力・エネルギーには，太陽熱，重力，地球内部で発生する熱の3つがある（図4）。熱機関としての気圏と水圏

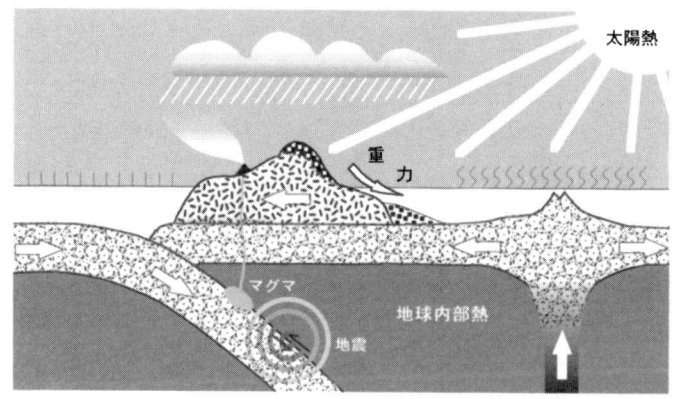

図4 地球表面に作用する太陽熱・重力と地球内部熱（日本地質学会，2000を修正・加筆）

の熱源は太陽熱である。太陽熱によって日中に暖められて膨張した岩石は，夜間には冷えて収縮する。膨縮がくり返されることによって岩石の'たが（結合力）'が弱められていく。やがてそれによって生じた亀裂に入り込んだ雨水や地下水が，さまざまな化学反応を起こしたり，凍結・膨張して岩石の結合をさらに弱め，ついにはばらばらに分解してしまう。太陽熱の産物である植物の根も岩石の分解に一役買っている。岩石の破片は重力によって低い方へ移動する（地すべりや山崩れなどの斜面崩壊）。しかしそれだけではない。熱機関として

の気圏と水圏が崩壊物質の移動に与(あず)かっている。風は細かい物質を運び去り，水は重力によって駆動される川や氷河として移動する過程で岩石の破片を運搬し，海など低い部分に堆積させる。このように太陽熱と重力は共同して地球表面の起伏を小さくする方向に働いている。地球が生まれて46億年，この作用は間断なく続いている。わずか5000年前にできた箱根火山がもう火山としての地形を失っていることは，この作用がいかに効率的であるかを物語っている。46億年（5000年の92万倍）にわたってこの作用だけが進行していれば，地球表面にはみるべき起伏がもう残されていないはずである。事実まったく平らになってしまって，東の地平線から昇った太陽が西の地平線に沈んでいくという平坦な地形が大陸内部では珍しくない。その一方で，日本のように，峨々たる山容がそびえ立っている地域も多い。海面からの距離がヒマラヤ山脈よりも大きい海溝も現存している。なぜであろう。答えは一つ。'地表の高きを削り低きを埋める'作用とは逆の作用が働いているからにほかならない。その作用の原動力が上に挙げた3番目の地球内部熱である。この熱によって駆動される流動圏マントル物質の動きがその上の岩石圏に反映され，山を盛り上げ，海溝を沈み込ませている。

3　地球内部熱

地球内部からの放熱形態

　地球内部で熱が発生していることを確かめよう。この熱は何らかのかたちで宇宙空間に逃げ出していっているはずである。そうでなければ，熱が溜まってかつての地球創生期のように，地球は融け出すにちがいない。放熱はどのようなかたちで進んでいるのであろうか。

　誰の目にも明らかな放熱形態が火山活動である。地下の岩石が溶融して生じたマグマが地表に噴出したり流れ出したりする現象である火山活動は，地球内部が熱いことの何よりの証拠であろう。温泉もしかり。湧き出してくる温泉水

は地下で熱せられたものであるにちがいない。発電にも利用されている地熱を一般の人が肌で感じる機会はあまりないが、地熱も地下の高温を物語っている。地震は一見熱とは無関係のようであるが、内部熱による流動圏内の動きがひき起こす現象である。これらの現象は地球上の限られた地域でのみ起こっている。地震にも火山にも温泉にも無縁である地域の方が世界では広い。地球内部熱はこのように人が感知できる形態で出ていくほかに、目にみえないかたちでも出ていく。実はその量の方がはるかに多い。地震や火山などの派手な現象を通じてのみではなく、温かい餅がしだいに冷えていくのと同じように、内部熱は地球全体からじわじわと出ていく。その量を地殻の表面で測定しているので、地殻を通じて出ていく熱量すなわち地殻熱流量と呼ぶ。図5に示すように地殻熱流量が圧倒的に多い。これで地球内部で熱が発生していることがわかった。

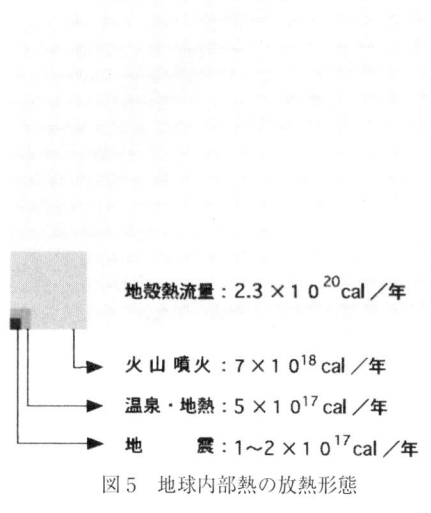

図5 地球内部熱の放熱形態

地殻熱流量：2.3×10^{20} cal/年
火山噴火：7×10^{18} cal/年
温泉・地熱：5×10^{17} cal/年
地　　震：$1 \sim 2 \times 10^{17}$ cal/年

地球内部熱の熱源

　この熱はどのようにして発生しているのであろうか。地球物質を構成している元素のほとんどが安定した元素で、時間が経過しても同じ元素のままである。珪素は永久に珪素、酸素は永久に酸素である。ところが比率はごく小さいものの、原子核が'身分不相応に'肥大しているため安定を保つことができない元素が存在する。このような元素は、原子核から微粒子や各種エネルギーを一定の割合で放り出して減量をはかっている（放射性崩壊）。減量が完了すれば、

原子核が軽くなって，元とは異なる安定な元素に変身する。たとえば原子炉の燃料棒や原子爆弾の材料となるウラン235という元素は，原子核からα粒子（ヘリウムの原子核）を放出して最終的には鉛207という安定な元素に変わる。放射性崩壊をする元素を放射性元素という。

岩石内で放射性崩壊が起こればどうなるか。放出された微粒子は他の原子核に衝突して止まり，粒子の運動エネルギーが熱エネルギーに転換される（図6）。

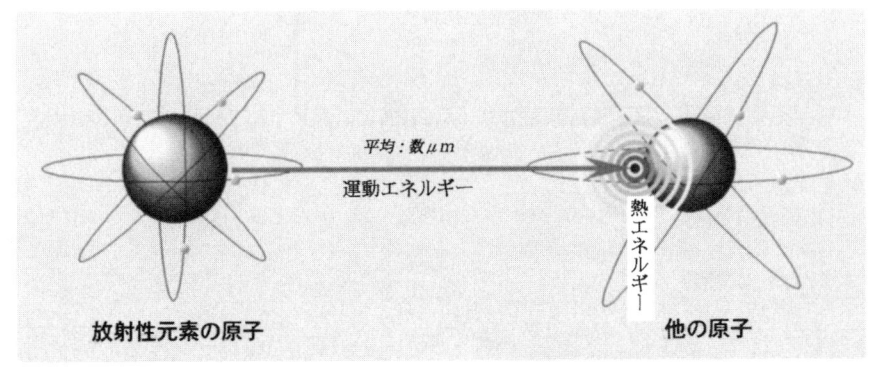

図6　放射性元素の崩壊による熱の発生

こうして岩石の内部ではたえず熱が発生している。放射性元素の種類ごとに減量していく速さと発熱量が異なる。現在の地球で熱源となっている元素には，すでに挙げたウラン235のほかに，ウラン238，トリウム232，カリウム40がある（図7）。このうち，半減期（元の放射性元素が半分に減るのに要する時間）が最も長く，したがってまだ大量に地球に残っているとみられるトリウムは発熱量が極めて小さい。'火持ち' はよいが熱量が小さい線香のようなものである。発熱量が大きいウラン235は強力ではあるもののすぐに燃え尽きてしまう固形燃料のように，半減期が短くもうほとんど残されていない。ヘリウムにいたっては半減期が短いうえに発熱量も小さい。そのため，半減期が地球の年齢にほぼ等しく，発熱量もかなり大きいウラン238が現在の地球内部熱のほとんどをまかなっている，とみることができる。

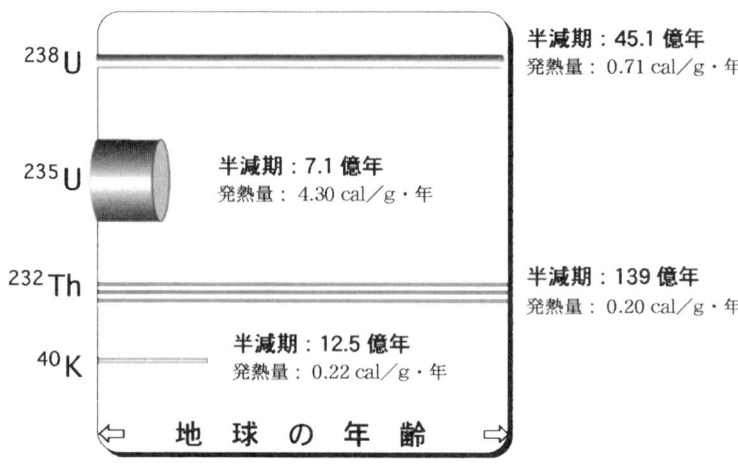

図7 主要な放射性元素の半減期と発熱量

マントル対流

主たる熱源であるウラン238の濃度は岩石によって大きく異なる（図8）。濃

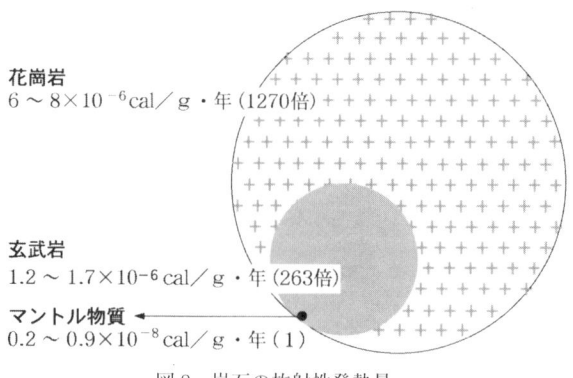

図8 岩石の放射性発熱量

度は花崗岩質層で最も高く，玄武岩質層ではそれよりはるかに低い。その下のマントルでは花崗岩質層の1270分の1という低さである。こうしてみると，地殻熱流量には由来の異なる2つがあることがわかる（図9）。熱源を豊富に含

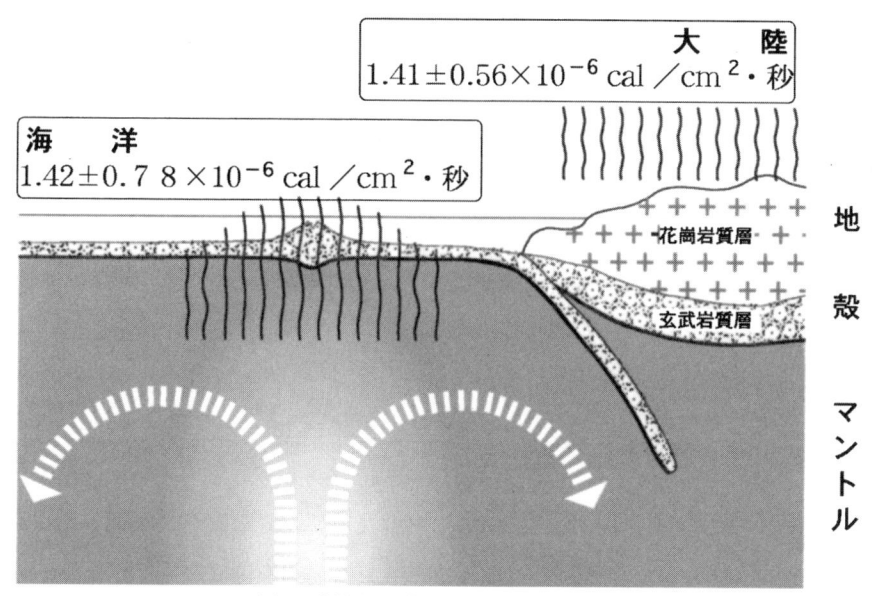

図9 大陸と海洋における地殻熱流量

海洋　$1.42\pm0.78\times10^{-6}$ cal／cm^2・秒
大陸　$1.41\pm0.56\times10^{-6}$ cal／cm^2・秒

花崗岩質層
玄武岩質層
地殻
マントル

む大陸での地殻熱流量は、花崗岩質層で発生した熱が、熱を伝えにくい（熱伝導率が低い）ものの薄い地殻を通って熱伝導によって地表に達したものである。これに対して海洋での地殻熱流量（大陸の熱流量にほぼ等しい）は、ごく薄く放射性元素の濃度も低い玄武岩質層からのものとは考えられず、源をその下のマントルに求めざるをえない。マントルの厚さは 3000 km 近い。濃度は極めて低いもののこの厚さの中に含まれている放射性元素の総量は優に大陸地殻中の量に匹敵する。ただ、その熱が熱伝導によって厚いマントルを通り抜けていくとは考えられない。発生した熱が熱伝導によってマントルから逃げ出すことができなければ蓄積していくほかない。マントル下部はその下の核によっても熱せられている。結局マントルの深部ほど熱が蓄積することになる。物質は熱が蓄積すると膨張する。膨張とは重さが変わることなく体積が増えることなので、膨張した部分は、膨張しないか膨張の程度が小さいまわりの部分よりも軽

くなり浮力を得て上昇する。マントルの底に近い深部で膨張した物質は，固体の状態を保ったまま年に数cmというゆっくりとした速度で上昇していく。流動圏の上層部で二手に分かれ，しばらく地球表面に沿って移動していくうちに放熱して熱を失い，やがて冷えて重くなり再びマントル内部に戻っていく。これは，スケールと速度が異なるだけで，湯を沸かすときにみられるのとまったく同じ現象，すなわち対流による熱輸送である。海洋での地殻熱流量はマントルの対流によってまかなわれているのである。

4　プレートテクトニクス

先に地殻と卵の殻の違いを示したが，実はもう1つ異なる点がある。それは，卵が無傷の殻をもっているのに対し，地殻を含めて岩石圏は面積も形も異なるいくつかの破片に分かれていることである。ちょうど，食べるために壊したゆで卵の殻のような状態となっている。つまり岩石圏は一枚岩をなしているのではない。岩石圏の破片をプレートと呼ぶ（図10）。地球の表層は大小さまざま

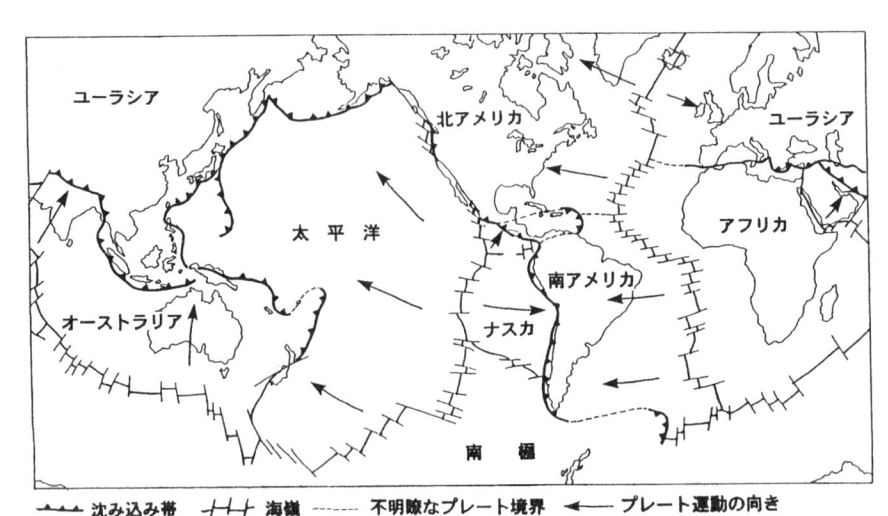

図10　現在の地球におけるプレートの分布（日本地質学会，2000より転載）

な不定形のプレートがびっしりと敷き詰められた状態となっている。その下でマントルが対流して動いている。当然その上の個々のプレートは，対流の動きにしたがって，互いに離れていくか，水平に（地球表面に平行に）移動するか，ぶつかりあうことになる（図11a）。このようなプレートの動きやそれにともなって生起するさまざまな事象およびそれを考察する科学をプレートテクトニクスと呼ぶ。プレートテクトニクスは全地球の動態を包括的に説明する理論で，その全容をここで述べることはとうていできないので，その主な点をいくつか紹介する。

マントル対流の上昇部—大陸の下から対流が湧き上がってきた場合

マントル対流は流動圏上層で二手に分かれる。その上に大陸があればどうなるか。大陸地殻を含めて岩石圏（大陸プレート）は堅固であるため，マントルの動きにひっぱられて薄く引き伸ばされていくことはできず'股裂き'にされる（図11b）。このようにして大陸プレートが分裂している代表例が，東アフリカ・リフトバレーである（図12，口絵）。長く延びる地殻の割れ目をリフトという。バレーはいうまでもなく谷である。かつては地溝帯と呼ばれていた。約2000万年前からこの下でマントル対流の上昇が始まった。リフトバレーはこの対流によってまさに引き裂かれつつあるアフリカ大陸の割れ目である。もう数千万年経てばバレーはさらに拡大してそこに海水が入り込み，東側のソマリ半島からモザンビークにかけての一帯はアフリカ本体から分離して新たな大陸となるはずである。これをソマリ・プレートと呼んでいる気の早い地球科学者もいる。東アフリカ・リフトバレーの北に連なる紅海とアデン湾は，実は一足先に（約4000万年前から）開口した大陸地殻の割れ目であって，現在はアジアの一員であるアラビア半島はかつてはアフリカ大陸の一部をなしていた。紅海とアデン湾の下からは今も対流が湧き上がっているため，アラビア半島はそれにのっかって北東方に移動し，行く手に立ちはだかる巨大なアジア大陸とぶつかりあっている。アラビア半島とアジア大陸の境界部にあるトルコからパキ

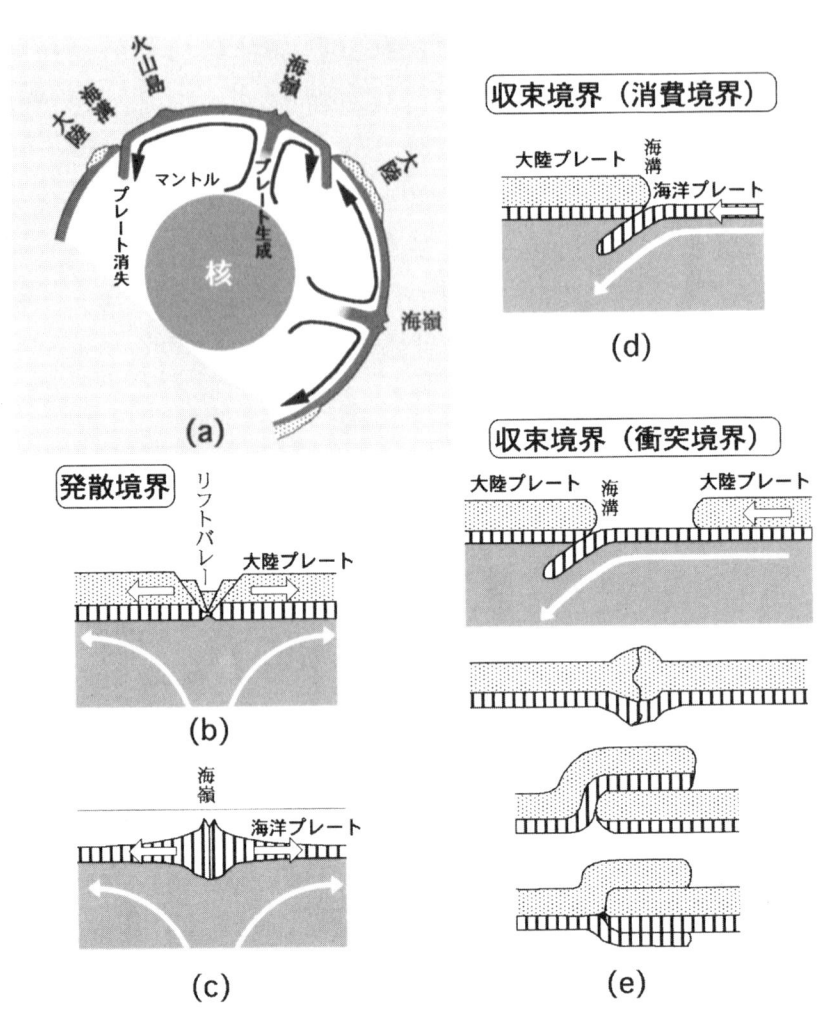

図11 プレート相互の関係（aは竹内，1970を簡略化）

スタンにかけて大地震が頻発するのはこのためである。大西洋をはさむ南北アメリカ大陸とヨーロッパ–アフリカ大陸はかつてひと続きの巨大な大陸をなしていた。それが約6000万年前にマントル対流によって引き裂かれ，現在ではたがいに数千kmも隔たっている。大西洋両岸で大陸の輪郭が一致していることを主要な根拠の一つとしてウェゲナーが唱えた大陸漂移説はいったん衰退したが，彼の洞察は正しかったのである。大陸プレートは引き裂かれて2つのプレートとなる。そこで対流の上昇部はプレートが発散していく境界（発散境界）をなしていることになる。

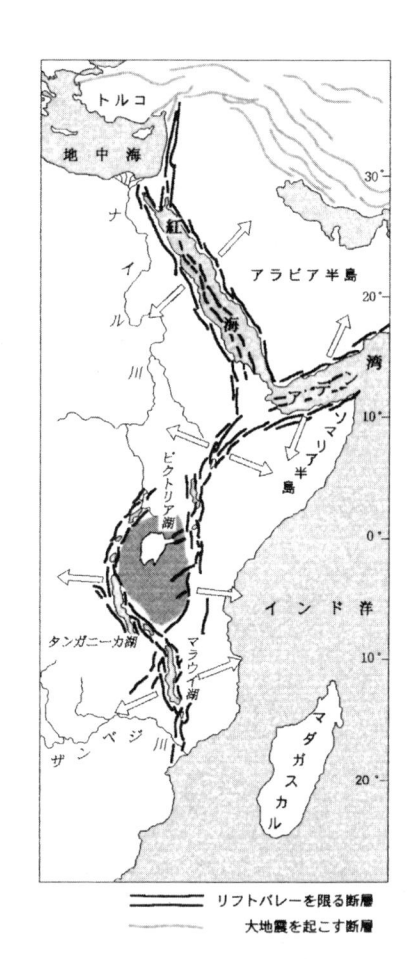

図12 東アフリカ・リフトバレー ビクトリア湖付近の地殻物質は極めて堅固であるため，リフトはその外周を迂回して走っている。

マントル対流の上昇部―海洋の下から対流が湧き上がってきた場合

引き裂かれた大陸の跡には何が現れるのか。結論からいうとそこで海洋の岩石圏（海洋プレート）がつくられる。深部から高温の状態のままで固体流動によって上昇してきたマントル物質は，流動圏上層部に達すると溶融してマグマとなる。それまで固体であったのが，なぜ上層部で突然融けるのか。それは，岩石をはじめ物質は圧力が低いほど溶融する温度が低くなる，という性質による（図13）。マントル内部では圧力が十分に高いため固体の状態を保っていた

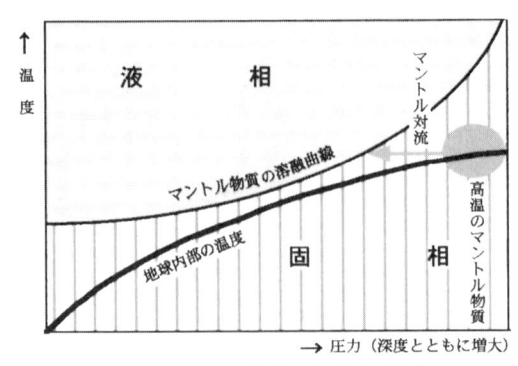

図13 マントル物質が溶融する温度

マントル物質は，途中その熱をほとんど失うことなく圧力の低い上層領域に達し，そこで一部が融けてマグマとなる。マグマは液体であるので移動しやすく容易に上昇していき，そこで冷やされて再び固まって岩石となる。固まった岩石はその下で二手に分かれて移動している対流によって引き裂かれ，その裂け目にまたマグマが入り込んで固まる。このように大陸が引き裂かれた跡では新たな海洋プレートが次々と生産されている（図11c, 14, 口絵）。湧き上がり口ではできたて（固まったばかり）

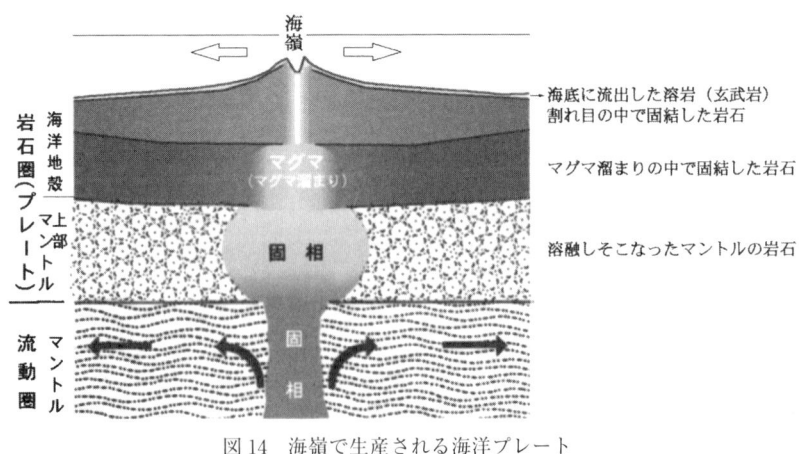

図14 海嶺で生産される海洋プレート

でまだ熱いプレートが下からの対流によって押し上げられているため，両側に比べて厚く，盛り上がった地形すなわち海嶺をつくっている。大西洋では中央部，太平洋ではかなり東に偏在しているが，いずれも陸上のいかなる山脈をも

22　地球科学

しのぐ長大な海底山脈をなしている（図10）。湧き上がり口両側の海洋プレートはそれぞれ別のプレートをなすので、海嶺もプレートの発散境界である。新しいプレートが生産されているので生産境界とも呼ばれる。海洋プレートの下で対流が発生しても同じように海嶺がつくられる。

マントル対流の沈み込み口

　地球の表面積は一定であるので、海嶺でつくられた海洋プレートはどこかで地表から姿を消しているはずである。海嶺から水平移動している間に熱を失って冷たくなった海洋プレートは、大陸プレートに行き当たると、全体として軽い大陸プレートの下に沈み込み、マントル内に回収される（図11d）。それまでほぼ平らであった海洋プレートは沈み込み口で下の方に折れ曲がる。その海洋プレートに引きずられて大陸プレートも下に引きずり込まれる。こうして海溝という地球表面上で最も深い凹地が現れる。図10では沈み込む側に三角形をつけてある。ここではプレート同士が会合しているので収束境界、そして一方が地表から姿を消すので消費境界とも呼ばれる。ちなみに太平洋プレートは、東方に偏在する海嶺で生産されてから約1.8億年で太平洋西縁の海溝に達する。つまり太平洋の海底はわずか1.8億年で'総入れ替え'される。地球の歴史46億年を1年に例えれば、1.8億年はわずか半月たらずの'短さ'である。

　海溝付近で起きている現象には、私たちにごく身近なものが2つある。1つは地震、もう1つは火山活動である。海洋プレートが下りエスカレータのようにスムーズに大陸プレートの下に沈み込んでいけば地震は起こらない。堅固なプレート同士がすれちがっているのであるから、大きい摩擦のため沈み込みはすんなりとは進まない。すれちがおうとする力（せん断力）が摩擦を超えた時と部分でのみ瞬間的にずれが起こる。その衝撃と振動が地表に伝わって地震（海溝型地震）を起こす（図15）。以前にずれが起こって（地震が発生して）以来、もう十分にせん断力が溜まっているはずであるのにまだずれていない（地震が発生していない）ので、再び地震が起きてもおかしくないとして警戒され

1　地球の46億年

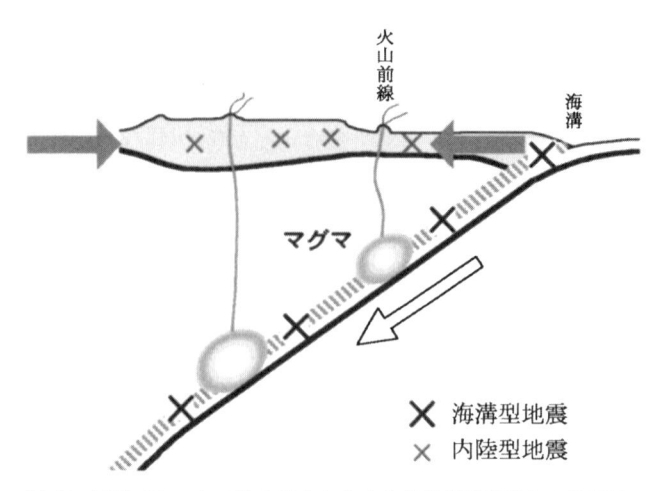

図15 海洋プレートの沈み込みにともなう海溝型地震と内陸型地震およびマグマの発生

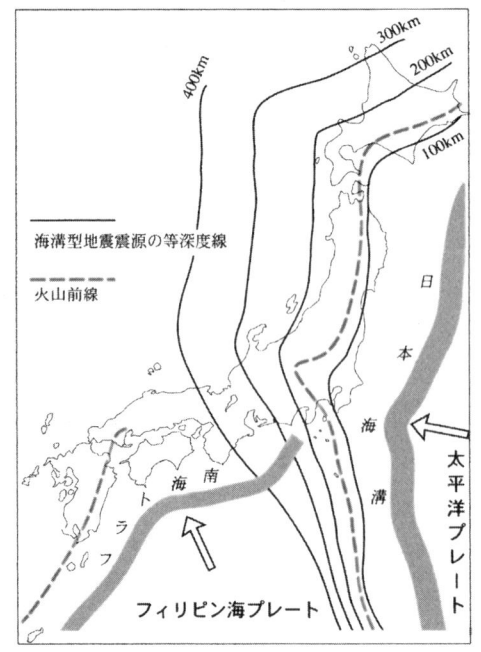

図16 海溝型地震の震源の等深度線と火山前線

ているのが，'東海地震'や'南海道地震'想定域など，いわゆる地震の空白域である。この型の地震は沈み込んでいくプレートとその上のプレートの境界に沿って発生する。したがって震源は沈み込み口である海溝から大陸側に向かって傾斜した面の上に分布し，震源の深さは海溝から大陸側に向かって系統的に深くなっている（図16）。

日本列島は太平洋側から沈み込んでいるプレートによって圧迫されている。西側には巨大なアジア大陸がデンと腰をすえている。両者のはざまにある列島はたえず東西から圧

力を受けていることになる。この圧力に耐えきれず列島のあちこちでプレートが局地的に割れてずれる。これが内陸型地震で（図15），海溝型地震とちがって，いつ，どこで発生するかを予測することが難しく，しかも地下浅いところで発生しやすいので地震の規模の割には震度が大きく，甚大な被害をもたらしかねない。（第2章参照）

火山もプレートの沈み込みがもたらす現象である。地下ですれちがうプレートの間で摩擦熱が発生する。沈み込んでいく海洋プレートは水をたっぷりと含んでいる。水を含んでいる物質は含まない物質よりかなり低い温度で溶融する。こうしてプレートの境界にマグマが発生し，それが上昇して地表に火山活動をもたらす。プレートがかなりの距離をすれちがってはじめて摩擦熱はマグマを発生させるほどに高くなる。このため，火山列島といわれる日本列島でも海溝からある距離の間では火山は皆無である（図16）。海溝からみてはじめて火山が現れる点を連ねた線（火山前線）は東北地方ではちょうど東北本線の位置と一致していて，東側の北上山地には火山がなく，西側では数多くの火山がその優美な姿を競っている。（第3章参照）

以上のような目にみえるかたちとは別に，海洋プレートの沈み込みはそれよりはるかに大きい現象をもたらしている。日本列島は実は沈み込んだ海洋プレートの置き土産なのである。海洋プレートはそれ自身だけが沈み込んでいくわけではない。海洋プレートは，海嶺から海溝に達するまでにその上に積もったさまざまな海洋堆積物を載せている。海溝付近では大陸から運び込まれた土砂が海洋堆積物の上に重なる。この海洋プレート上のいわば'ほこり'ないし'ごみ'が沈み込み口で剥ぎとられて，海溝の陸側斜面に付着していく（図17）。下りエスカレータの上にばらまいたゴミが降り口に集積していくようなものである。陸側にへばりついた堆積物の下に後から続く海洋プレートの堆積物が次々と付け加えられていく。トランプのカードを次々と下に挿入していくように堆積物が付加していくにつれて，先に付加した堆積物はだんだんとせり上がり，やがて海面上に顔を出して陸地となる。これが日本列島である。日本列島

1　地球の46億年

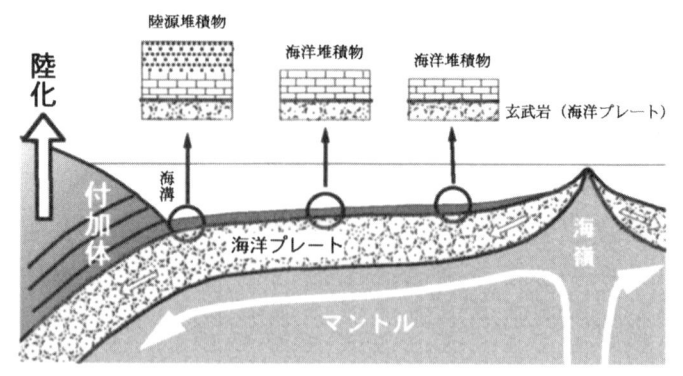

図17　海洋プレートの沈み込みにともなう堆積物の付加（日本地質学会，2000を簡略化）

は今から約2000万年前まではアジア大陸の東縁にあって海洋プレートの沈み込みを受けていた。これが1500万年前ころに日本海を後に残して大陸から分離した（図18）。このため，日本列島は大陸プレートの一部とその外側（太平洋側）に付加した堆積物（付加体）からできており，日本海側から太平洋側に向かってより若い付加体が列島の延びる方向に平行に配列している（図19）。

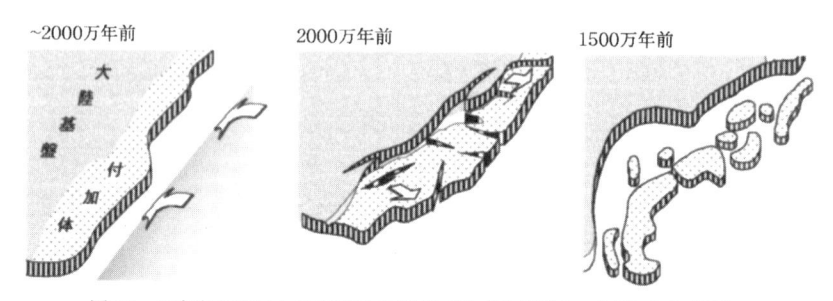

図18　日本海の開口と日本列島の成立（日本地質学会，2000より転載）

大陸プレート同士の衝突

マントル対流の湧き上がりによって，2つに引き裂かれた大陸は海嶺から遠ざかっていく。大陸のさらに前方にあった海洋プレートが海溝で回収されてい

くと，沈み込みを受け入れていた大陸プレートと裂かれた大陸プレート（の片割れ）が会合する。今度は両方のプレートとも同じ重さなので，片方が片方の下に沈み込むことはなく，2つの大陸プレートがまともにぶつかりあうことになる（図11e）。このため，この種の収束境界は衝突境界と呼ばれる。先に述べたアラビア半島とアジア大陸の衝突がその例である。もっと古く2億年ほど前にアフリカ大陸から分離して北東方にはるばると移動していったインド亜大陸はつい最近（1500万年前ころ）アジア大陸とぶつかり，その間の海にあった堆積物を巨大なヒマラヤ山脈として押し上げた。さらに両大陸のプレートがたがいに譲らないため，厚さ80kmという今日の地球で最も厚いチベット高原の大陸地殻をつくっ

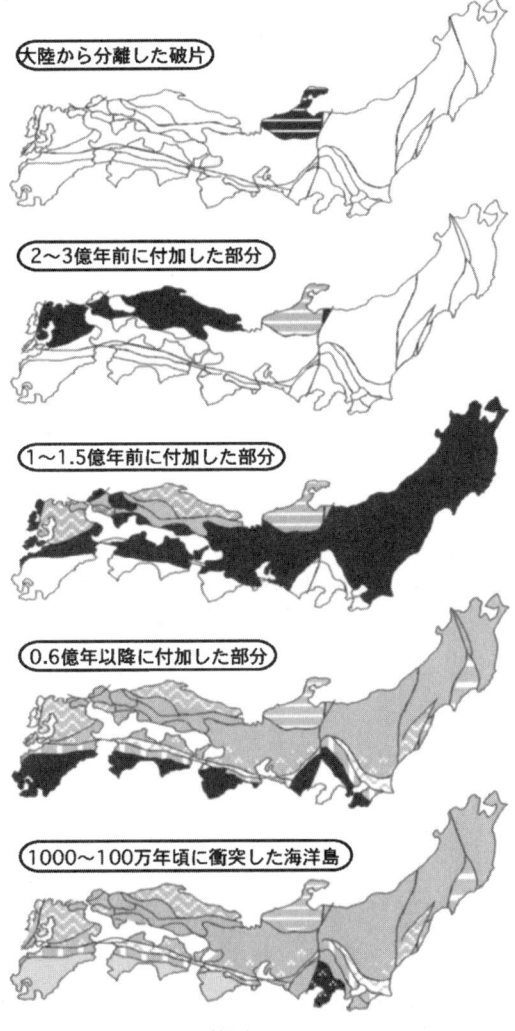

図19　日本列島の地質構成
枠内に表示した地質体を黒で示す。最下段は付加堆積物ではなく，沈み込み口で根こそぎにされて北側の付加体にめり込んだ海洋プレート上の突出部（海洋島）を示す。

1　地球の46億年

ている。アラビア半島を送り出したアフリカ大陸も北上を続けており，やがてヨーロッパとの間にわずかに残されている地中海が閉塞されてヨーロッパ大陸に衝突することになろう。

　以上みてきたように，固体地球表面は，太陽熱-重力という起伏を削減する営力と，これに抗して起伏を増大させる地球内部熱とのせめぎ合いの場となっている。私たちの身のまわりのほんの微小な事物も，世界地図ではじめて認識することができる巨大な地形も，3つの営力のせめぎ合いの産物であるという観点に立てば，見慣れたはずの大自然の営みをこれまでとは違った目でみることができるであろう。

＜参考図書＞
竹内　均（1970）:『続地球の科学』，日本放送出版協会，217p.
日本地質学会（2000）:『地震列島日本の謎を探る』，東京書籍，235p.

2 地震と活断層

高木 秀雄

1 地 震

地震の原因

　地殻はプレート運動などによっていつも力が加えられている。地殻はバネのような弾性体として挙動するため，力に比例して地殻内に歪が蓄えられていく。歪の量が限界（弾性限界）を超えると，急激に破壊が生ずる。地下深部での破壊は封圧のために隙間ができて体積が増加することができないので，図1のようにある割れ目に沿ってすべって変形が生じる。その面が断層である。すべりが発生すると，それまで蓄えられていた歪エネルギーは，主としてすべり摩擦によって熱エネルギーと弾性エネルギーとして解放される。弾性エネルギーは弾性波となって地殻の中を伝わっていく。この弾性波が地表

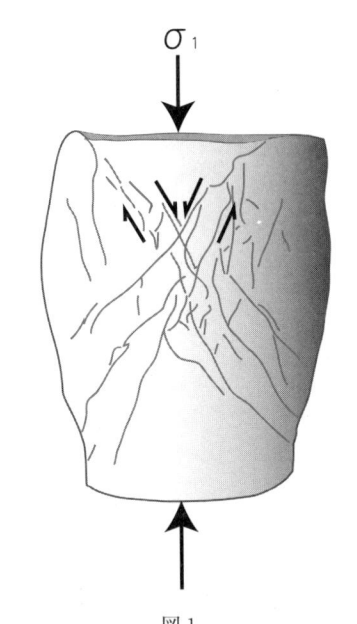

図1
一軸圧縮によって岩石に生じた共役断層

に達して振動させたものが地震である。地震が発生した場所を震源，震源の地表における鉛直投影点を震央とよぶ。

地殻を構成する岩石は弾性体であるが，弾性体に外部から力が加わると，これに応じて弾性体内部に抵抗する力が生じる。これを応力（stress）という。岩盤の内部の応力は，力の方向が互いに直角な最大主応力（σ_1），中間主応力（σ_2），最小主応力（σ_3）で3次元的に表すことができる。最大主応力と最小主応力の差（$\sigma_1 - \sigma_3$）を差応力と呼び，その値がある限界値以上の場合は，最大主応力の方向と45°よりも小さい角度でずれ破壊，すなわち断層運動を生じる。

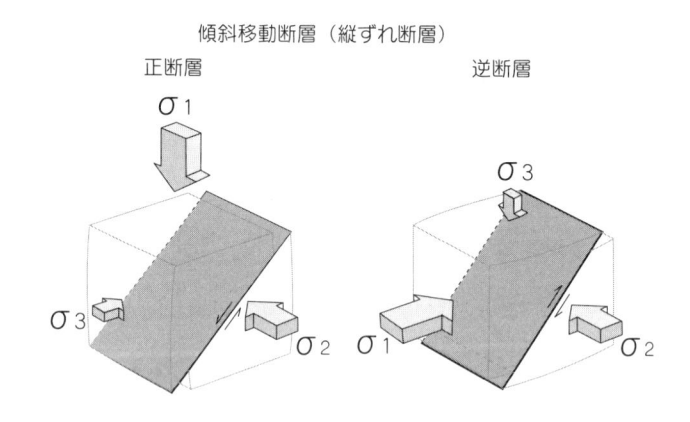

図2 断層の分類と応力場

断層運動の種類と応力場との関係

断層には，断層面の傾斜方向に移動する傾斜移動断層（縦ずれ断層）と，走向方向に移動する走向移動断層（横ずれ断層）がある。傾斜した断層面に対して上側にある岩体を上盤，下側にある岩体を下盤とよぶ。傾斜移動断層は，上盤側が下盤側に対して相対的にずり上がる場合と，ずり下がる場合がある。前者を逆断層（または衝上断層，スラスト），後者を正断層とよぶ。一方，横ずれ断層は，断層面を挟んで人が向かい合って立っていたときに，相手が左側に動いた場合は左ずれ断層，相手が右側に動いた場合は右ずれ断層と呼ぶ。

以上の各断層と，応力場との関係を図2に示す。逆断層と正断層，または右ずれ断層と左ずれ断層が，各々セットとなって同時に運動する場合，そのセットの関係を共役関係にあるという（図1）。

地震波とその記録

地震が伝わってくると，観測点に設置された地震計に地震波形が記録される（図3）。地震計に最初に到達する波はP波（primary wave）と呼ばれ，次に到

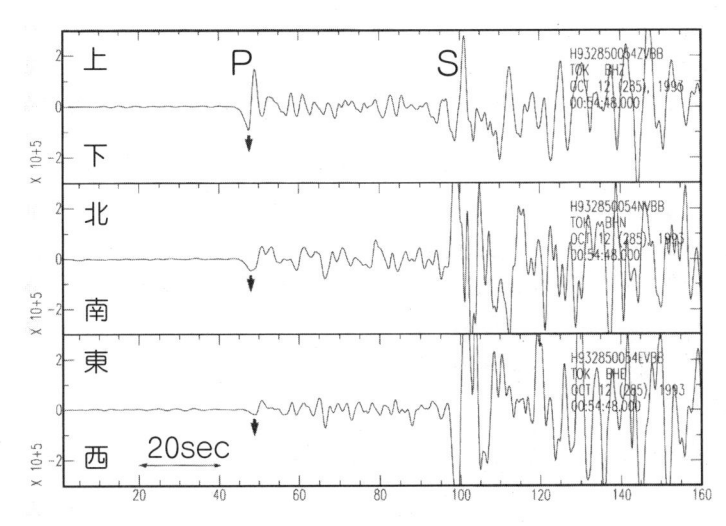

図3 東京で記録された1993年10月12日の地震波形　初期微動継続時間は約50秒。震央距離は約150km南方，震源の深さは350kmと推定されている。島崎・松田（1994）。

達する主様な波（主要動）はS波（secondary wave）と呼ばれ，最後に到達する波はP波やS波が地表面を振動させて伝わる表面波（surface wave）である。P波は疎密波とも呼ばれ，その振動方向が進行方向と平行なものをいう。一方，S波は振動方向が進行方向と直交するものをいい，縄跳びの縄を上下させた時に伝わる波と同様である（図4）。P波は固体中も液体中も伝わるのに対し，S波は液体中は伝わらない。柔らかい表層部を除く地殻内部ではP波の速度は5〜7km/sで，S波の速度は2〜4km/sである。したがって，P波が到達してから，S波が到達するまでの時間（初期微動継続時間）は，震源からの距離をP波とS波の速度の差で割った値となる。つまり，初期微動継続時間が長いほど，震源からの距離が離れていることを示している。ここで震源からの距離をD（km），初期微動継続時間をt_{s-p}（sec）とすると，

$$D = at_{s-p} \quad （aは比例定数で4〜9程度）$$

という関係（大森公式）がある。なお，P波は縦波，S波は横波と呼ばれることがあるが，これは正確ではない。震源の位置が我々の立っている地表面の真下にあれば，たしかにP波は上下運動を，S波は前後（左右）の運動をもたらすが，震源の位置が遠方である場合には，P波が鉛直方向に振動するとは限ら

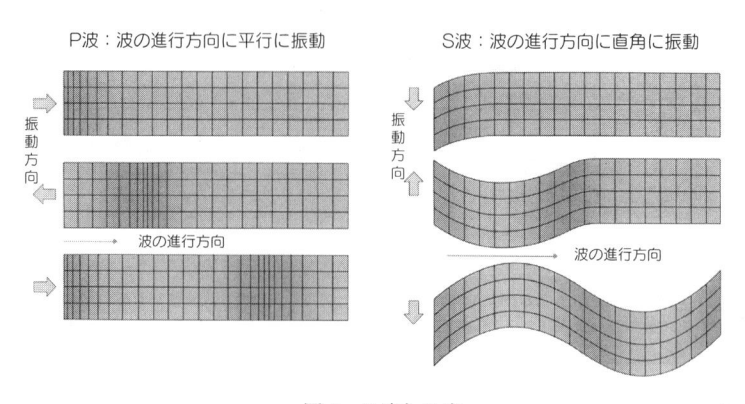

図4　P波とS波

ない。それでも，最初に到達するP波が「かたかた」と上下に動くことが多いのは，地球内部では深いほど地震波の伝わる速さが速いため，地震波が屈折して真下に近い方向から伝わってくることが多いからである。

地震計に記録された初期微動継続時間から，震源までの距離が求まるが，その地震波がどの方向から来たかは求まらない。そこで，少なくとも異なる3地点における地震計の初期微動継続時間から震源までの距離を求め，その距離を半径とする円を描き，その円の交点を結んだ弦の交点から震央を求める。

地震の規模

比較的大きな地震が起こった時，TVでは速やかに臨時ニュースを流し，各地の震度を伝える。その後まもなく，その地震のマグニチュードが報道される。震度は各地点での揺れの程度を定性的に把握するもので，震源からの距離によって変化する。わが国では気象庁の定めた震度階が使われている。震度階は1884年に制定され，その後何度かの改訂が行われ，1995年の兵庫県南部地震（阪神淡路大震災）の時にさらに改訂されたものである（表1）。震度階は人の体感や置物，建物などの揺れの程度を人の感覚で判断するため，定性的で個人差が出るという欠点がある。そこで，1991年以降には計測震度計を用いて，地震計で得られる加速度や周期から，自動的に震度階に相当する震度を計算している。

震度に対して，地震そのものの規模を示すのがマグニチュードである。マグニチュードは1935年にアメリカのリヒターによって，震央からの距離が100 kmにある地震計に記録された最大振幅をμmで求めたときの常用対数値と定義された。しかし，実際に震央からの距離がちょうど100 kmの場所に地震計が設置されているわけではないので，震央からの距離と地震計の最大振幅をパラメーターとして計算し，多くの地震計からのデータを平均した値をとっている。

マグニチュード（M）と地震のエネルギー（E）には次のような関係が知ら

表1 地震の震度階(抜粋:気象庁,1995年)

震度階級	人間	屋内の状況	屋外の状況	木造建築	鉄筋コンクリート建造物
0	人は揺れを感じない				
1	屋内にいる人の一部が,わずかな揺れを感じる				
2	屋内にいる人の多くが,揺れを感じる。眠っている人の一部が目をさます	電灯などのつり下げ物がわずかに揺れる			
3	屋内にいる人のほとんどが揺れを感じる。恐怖感を覚える人もいる	棚にある食器類が音を立てることがある	電線が少し揺れる		
4	かなりの恐怖感があり,一部の人は身の安全を図ろうとする。眠っている人のほとんどが目を覚ます	つり下げ物は大きく揺れ,棚にある食器類は音を立てる。座りの悪い置物が倒れることがある	電線が大きく揺れる。歩いている人も揺れを感じる。自動車を運転していて,揺れに気付く人がいる		
5弱	多くの人が身の安全を図ろうとする。一部の人は行動に支障を感じる	つり下げ物は激しく揺れ,棚にある食器類,書棚の本が落ちることがある。座りの悪い置物の多くが倒れ,家具が移動することがある	窓ガラスが倒れて落ちることがある。電柱が揺れるのがわかる。補強されていないブロック塀が崩れることがある。道路に被害が生じることがある	耐震性の低い住宅では,壁や柱が破損するものがある	耐震性の低い建物では,壁などに亀裂が生じるものがある
6弱	立っていることが困難になる	固定していない重い家具の多くが移動,転倒する。開かなくなるドアが多い	かなりの建物で,壁のタイルや窓ガラスが破損,落下する	耐震性の低い住宅では,倒壊するものがある。耐震性の高い住宅でも,壁や柱が破損することがある	耐震性の低い建物では,壁,柱が破壊するものがある。耐震性が高い建物でも,壁,梁,柱などに大きな亀裂が生じるものがある
7	揺れにほんろうされ,自分の意志で行動できない	ほとんどの家具が大きく移動し,飛ぶものがある	ほとんどの建物で壁のタイルや窓ガラスが破損,落下する。補強されているブロック塀も破損するものがある	耐震性の高い住宅でも,傾いたり,大きく破壊するものがある	耐震性の高い建物でも,傾いたり,大きく破壊するものがある

れている。

$$\log_{10} E\ (\mathrm{J}) = 4.8 + 1.5\ M \quad (\mathrm{J}はエネルギーの単位で, ジュール)$$

たとえばM＝6はM＝5に比べて$10^9 / 10^{7.5} = 10^{1.5} = 31.6$ということになり，マグニチュードが1増加すると，そのエネルギーはおよそ30倍増加することになる。わが国では，M≧7を大地震，7＞M≧5を中地震，5＞M≧3を小地震，3＞M≧1を微小地震と呼んでいる。ただし，マグニチュードが8を超えることはごくまれである。震度もマグニチュードも一桁の数字で表現されることから，両者がしばしば混同されやすいので，注意する必要がある。

地震の発生場所と分布
地震の発生場所

世界中で発生した地震の震央分布を見てみると，細長い帯状のゾーンに沿っていることがわかる（図5）。そのゾーンのほとんどは，プレート境界である。

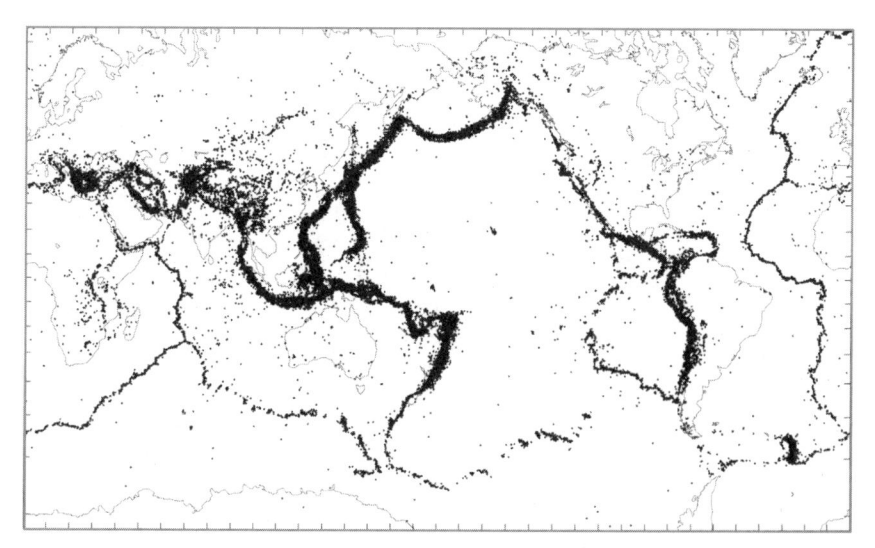

図5　世界の地震分布図（M＞4.0，深さ100 km以浅，1980～1998年，国際地震センター作成）（西村ほか，2002）

プレート境界には発散境界（海嶺），収束境界（海溝），横ずれ境界（トランスフォーム断層）の3種類があり（第1章参照），いずれの境界でも地震が発生していることがわかる。その中でも，収束境界である海溝に沿って，地震が特に集中している。たとえば，日本列島および周辺には千島弧，東北日本弧，西南日本弧，伊豆-小笠原弧，琉球弧とそれに平行な海溝（各々千島海溝，日本海溝，南海トラフ，伊豆-小笠原海溝，琉球海溝）から構成されており，各々の海溝において海洋プレートが沈み込んでいるため，世界の地震の約1割に達する地震が集中している。一方，ヒマラヤやチベット高原などの大陸衝突域では，幅広い地震帯をつくっている。

プレート沈み込み帯の地震の発生場所

つぎに，日本列島のようなプレートの沈み込み帯での地震発生場を見てみよう。プレート沈み込み帯での地震発生場としては，沈み込むプレートと上盤プレートとの境界，沈み込むプレート内部，上盤プレート内部，の3つがある（図6）。以下，各々の特徴を紹介しよう。

1) **プレート境界地震** 沈み込む海洋プレートとその上盤プレートの境界は，文字どおり逆断層運動が起こっていることから，活発に，しかも最大級の地震を発生している。東北日本弧では太平洋プレートが約28°で，西南日

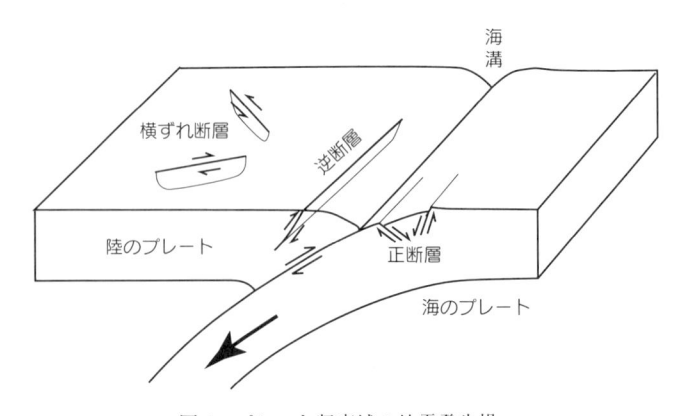

図6 プレート収束域の地震発生場

本弧ではフィリピン海プレートが約10～30°で沈み込んでいるため，地震発生帯もそれと同様の角度で，海溝から離れるに従って深くなる（図7）。最大の深さは700 kmに達する。ただし，海溝から5～10 km程度の深さまでは，プレート境界が柔らかいため，地震はほとんど発生していない。

2) **沈み込むプレート内部の地震**　プレートが海嶺で沈み込む時は，プレートが折れ曲がる必要がある。その場合，プレート上面には引っ張りの力がかかるので，正断層がつくられる。この正断層内でときどき地震が発生する。一方，下部では圧縮力がかかるので，逆断層に伴う地震が発生する。沈み込んだプレートはスラブと呼ばれているが，そのスラブ内部では，一般に正断層型の地震が発生する。それは，スラブが自重で引っ張られているからであると考えられている。その自重がプレートを水平に移動させる主要な原動力と考えられている。

3) **上盤プレート内部の地震**　沈み込むプレートの圧縮により，日本列島の地下約15～20 km付近までの内陸で発生している地震で，次の節で説明する活断層の活動に伴って生じている。図8に，兵庫県南部地震の本震（最初に発生する最も規模の大きな地震）と余震（本震の後に発生する規模の

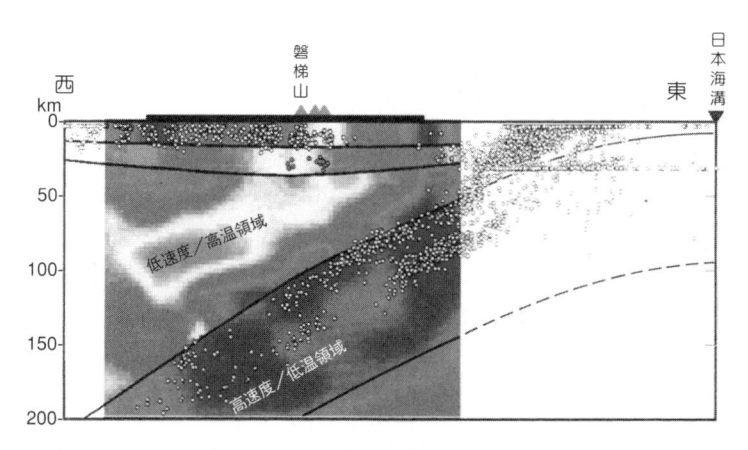

図7　東北地方南部の東西断面図と微小地震の震源および地震波トモグラフィーに基づく温度構造（長谷川，1991）

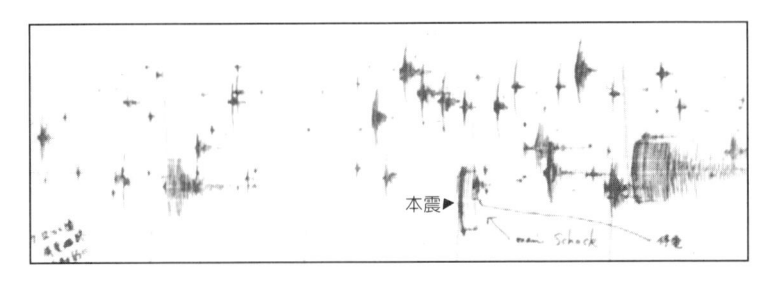

図 8a　神戸大学で記録されていた兵庫県南部地震の本震と余震

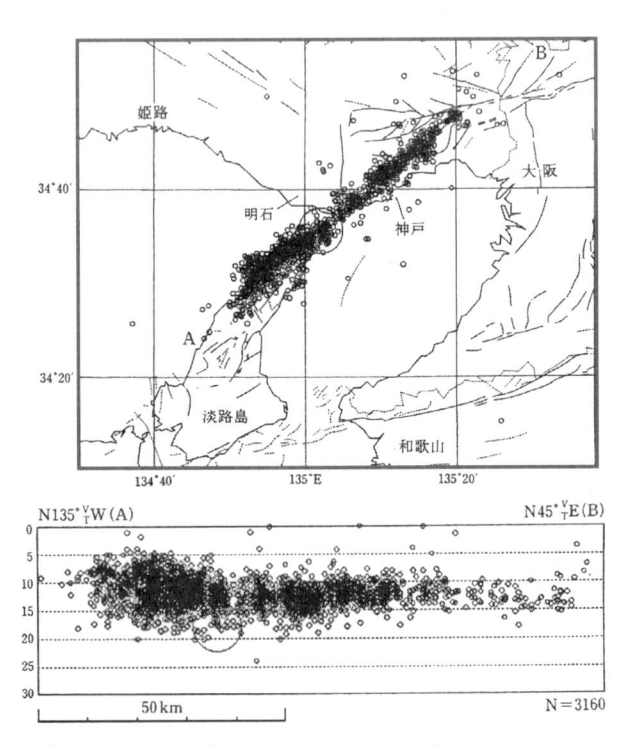

図 8b　1995 年兵庫県南部地震の余震分布（1995.1.17‒2.16）
　　　下図は震源の深さを示す A ― B 方向の垂直断面図。大きい丸は本震，小さい丸は余震。（池田ほか，1996）

小さな地震）の分布を示す。20 km よりも深い地殻深部で地震が発生しないのは，温度が高いため岩石が柔らかく塑性的に変形するため，弾性歪が蓄積されないからである。また，大地震の震源は，余震も含めた震源分布の中でもっとも深い部分に存在する（図8b）。これは，地下 15 km 前後の地殻がもっとも堅いため，その部分を破壊するためにはもっとも大きなエネルギーを必要とすることによっている。内陸性の大地震は，とくにその震源が人口集中域直下で発生した場合は，直下型地震として大きな災害をもたらす。

地震災害
地震被害のタイプ

1995 年に明石海峡で発生した兵庫県南部地震（M =7.2）では，6400 人を超える死者を出すなどの甚大な被害があった。日本列島のようなプレート収束域では，数多くの被害地震の記録が残されている。ここでは，地震による被害のタイプと実例を紹介する。

1) 断層変位：断層面のすべりにより，地震断層として地表に変位が生ずると，その直上にあった道路や建物が切断される。たとえば，日本列島の内陸性地震として最大の規模（M = 8.0）を記録した濃尾地震（1891 年）のときには，岐阜県の根尾谷断層に沿って垂直方向に約 5 m の断層崖が出現した（図9a）。今は地下観察館でその変位が観察できる（図9b）。1930 年には，M = 7.3 の北伊豆地震が伊豆半島の付け根に南北に延びる丹那断層で発生した。ちょうど，丹那断層を横切っている東海道線のトンネルを掘削中のことであり，横におよそ 2.5 m 移動した岩盤でトンネルが塞がれてしまった。

2) 津波：海洋での地震，とくに海洋プレート境界の地震に伴って海底が変位すると，海面に上下動が発生するために横波を発生し，それが津波（tsunami）となって海岸地域を襲う。海岸近くになると海底が浅くなるため，海面の上昇分が高波となって襲いかかる。また，奥が細くなった湾では津波

図9a 1981年10月28日の濃尾地震（M = 8.0）で地表に現れた地震断層（岐阜県根尾村水鳥）
世界的に有名になった古藤文次郎撮影の写真。変位は縦ずれ6m, 左ずれ2m。

図9b 根尾谷断層の地下観察館（岐阜県根尾村水鳥）

の増幅が起こる。このため，リアス式海岸をもつ三陸地域では1896年の明治三陸津波で2万2000人の死者を出した。津波は水深をD，重力加速度をgとするとほぼ$\sqrt{gD}$の速度で伝播する。水深が4000 m あれば津波は秒速約200 m（時速約700 km）という高速度で伝わっていく。1960年のチリ地震で発生した津波は太平洋を横断し，約24時間後に日本列島に到着した。そのときの波高は5 m で，142名の死者と行方不明者を出した。1993年の北海道南西沖地震では，奥尻島を津波が襲い，島の南部が壊滅状態になった。

3) **地震動**：地震動の大きさ（震度）はマグニチュードと震源からの距離に比例して減衰する。また，地震動による被害は地盤の性質にも関係し，一般に柔らかい地盤上では被害は大きくなる。兵庫県南部地震では，幅約2 km の被害中心域が帯状に約20 km あまり追跡され，「震災の帯」と呼ばれた。その中央部では震度7の激震を記録した（図10a）。とくに建物の倒壊率が高かったのは，北部の基盤岩と隣接する軟弱な第四紀層の地帯であった（図10b,c）。また，大規模な地震の後には，本震ほど規模は大きくはないが，

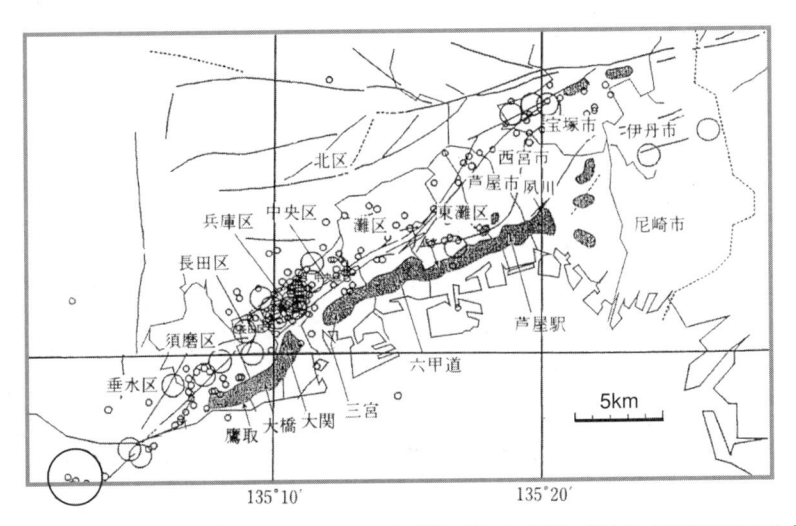

図10a　兵庫県南部地震による震度7の領域（震災の帯）と余震の震央および活断層の分布
(吉川・伊藤，1995)

図10b　三宮北口のビルの倒壊

図10c　阪神高速道路の倒壊（毎日新聞社提供）

余震（図8）にも充分注意する必要がある。
4) **液状化**：新しい地層や人工的な埋め立て地では，地層を構成している粒子の圧密が不十分であるため，粒子間の結合力が弱い。そのため，強い地震動を受けると，粒子間の結合が外れるとともに，粒間を埋めている水の圧力（間隙水圧）が増加し，地盤が液体のように流動する。その時に覆っている地盤に割れ目が生ずると，砂や泥が水とともに地表に吹き出し（図11a），そのために地盤が陥没することがある。このような現象を液状化と呼んでいる。1964年の新潟地震では，新潟市内で液状化が起こり，コンクリート造りのアパートが根こそぎ倒壊した（図11b）。この地震をきっかけに，人工島や埋め立て地などで，液状化対策がとられるようになった。

図 11a　兵庫県南部地震で発生した淡路島松帆地区の液状化に伴う噴砂現象

図 11b　新潟地震（1964，M = 7.5）時の液状化によるアパートの転倒（新潟日報社提供）

2　活 断 層

活断層の定義と活動度

　活断層とは,「最近の地質時代にくり返し活動し，今後も活動する可能性のある断層」と定義されている。その最近の地質時代とは，一般には第四紀あるいはその後期（数 10 万年～100 万年以降）と考えられている。したがって，その若い時代の堆積物を切断して変位させた証拠が見つかれば，それは活断層といえる。1995 年の兵庫県南部地震のときに淡路島に地震断層として出現した野島断層は，国民に活断層という言葉をひろく浸透させた。しかし，活断層が地震をもたらすという可能性があることから，すべての活断層が危険であると直結して考える必要は必ずしもない。つまり，活断層には活発なもの（危険なもの）とそれほど活発ではないものがあり，内陸性活断層の場合は地震を起こす周期が数 100～数 1000 年オーダーと大変長いからである。活断層の活動性を評価するためには，活断層の過去の活動の履歴を調査する必要がある。活断層の露頭は限られているため，近年ではトレンチを掘削して，地層の年齢をさまざまな方法で決定し，地層の切断関係や変位量を測定して，活断層の過去数万年程度の平均変位速度を決定する試みがなされている（p.23 参照）。松

田 (1975) は，活断層の平均変位速度を，ＡＡ級（> 10 m/1000 年），Ａ級（1 〜 10 m/1000 年），Ｂ級（10 cm 〜 1 m/1000 年），Ｃ級（1 〜 10 cm/1000 年）と区分した。ＡＡ級の横ずれ断層は，カリフォルニアのサンアンドレアス断層やニュージーランドのアルパイン断層など，トランスフォーム断層にほとんど限られる。内陸性の活断層でもっとも活発なものがＡ級活断層であり，日本では四国の中央構造線や跡津川断層，阿寺断層，根尾谷断層，丹那断層など，九州を除く西南日本に限られて存在する（図12）。1回の地震での活断層の変位量は最大規模の地震でも10 mを超えることはないので，大地震はＡ級活断層でも概ね1000年前後に一度起こる程度の頻度である。

　関西には関東に比べて地震が少ないため，兵庫県南部地震のときも，あまり地震の防災対策はなされていなかった。しかし，活断層の分布をみると，関東

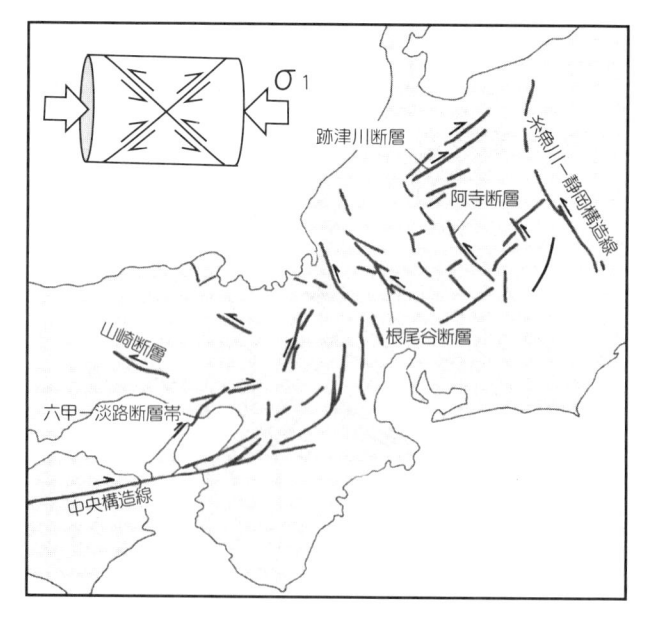

図12　中部〜近畿地方のおもな活断層（松田，1992を一部改変）
　　　北西－南東走向の断層は左横ずれ，北東－南西走向の断層は右横ずれという顕著な規則性から，地殻がほぼ東西に圧縮されていることがわかる。断層名を付しているのはすべてＡ級活断層。

に比べて中部や関西には活断層が集中していることがわかる。それではなぜ関東の方が地震が多いのであろうか。それは，関東の地震の大部分はプレートの沈み込みに伴う，したがってＡＡ級の活断層に伴う地震であり，それらの地震の頻度が内陸の活断層の地震の頻度よりも一桁ほど高いためである。プレート移動速度が年間数cm～10cm程度であることからも，このことが理解されよう。

活断層の変位が地形にあらわれるのは，通常Ｂ級以上である。それは，Ｃ級くらいになると，地形をつくる浸食速度と断層による変位速度がほとんど変わらなくなるからである。それでは，次に代表的な活断層の地形をみてみよう。

断層地形

断層は岩盤の破壊を伴うので，破砕帯が生じる。破砕帯は，周囲の岩盤に比べて浸食を受けやすいので，それに伴って独特の地形を生じる（図13）。たとえば，枝稜線を断層がずらしている場合は，差別浸食によって鞍部（ケルンコル）ができる。このような鞍部を地形図や空中写真で探し，いくつかの鞍部が直線的に連結できた場合は，そこに断層が存在する可能性が高くなる（図14）。また，稜線の末端部を断層が切断すると，三角形をした平らな末端面ができやすい。それを三角末端面と呼ぶ（図14）。いずれも断層破砕帯の存在による差

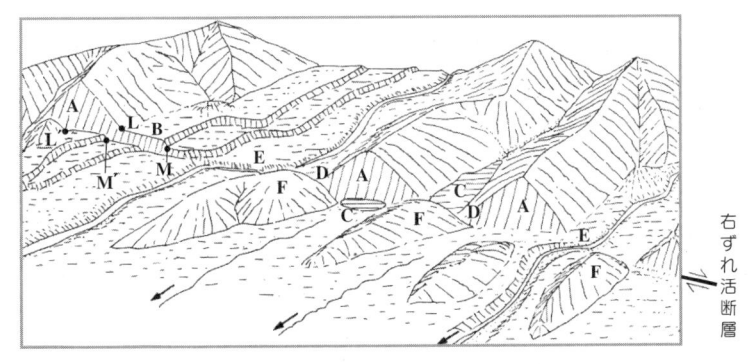

図13　右ずれ断層に伴う変位地形の例（岡田，1979を改訂・簡略化）
　Ａ：三角末端面，Ｂ：低断層崖，Ｃ：断層池，Ｄ：断層鞍部，Ｅ：横ずれ谷，
　Ｆ：閉塞丘　Ｌ—Ｌ′：山麓線のくいちがい，Ｍ—Ｍ′：段丘崖のくいちがい

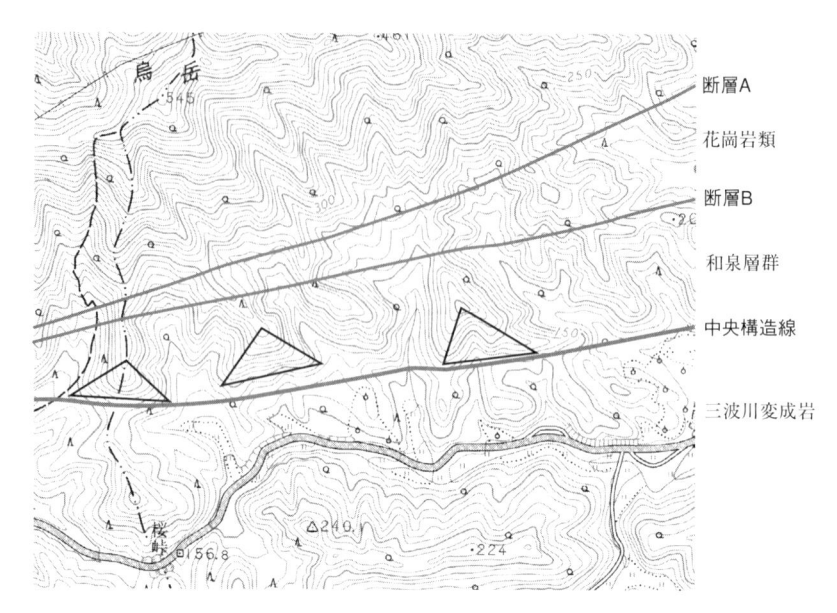

図14 三重県多気郡勢和村の中央構造線沿いの断層地形
　　断層鞍部と中央構造線沿いの三角末端面（三角形）が発達。活断層の証拠はみられない。（国土地理院2万5千分の1地形図「横野」より）

別浸食の結果である。これらの地形の存在から，その断層が活断層であるとは断定できない。古い断層にも破砕帯が存在するからである。地形から活断層を認定するためには，地形から系統的な変位を読み取る必要がある。地形図や空中写真に変位が現れやすい断層は，逆断層や正断層のような傾斜移動断層ではなく，横ずれ断層である。すなわち，谷や尾根，河川等，本来まっすぐ延びていた地形が系統的にずらされていることが明確な場合は，そのずれに沿って活断層があるといえる（図15）。断層の変位のために谷の下流側に尾根が移動してきて（閉塞丘），谷を塞いで池ができることもある。また，断層は変位を累積するので，古い谷や古い段丘ほど変位量が大きく，新しい谷や段丘は変位量が小さい。すでに述べたように活断層の地震時の変位量は10mを超えることはない。しかし，断層は何度でも繰り返し活動するので，結果として人工衛星からも識別できるほどの変位をもたらすことがある（図16）。

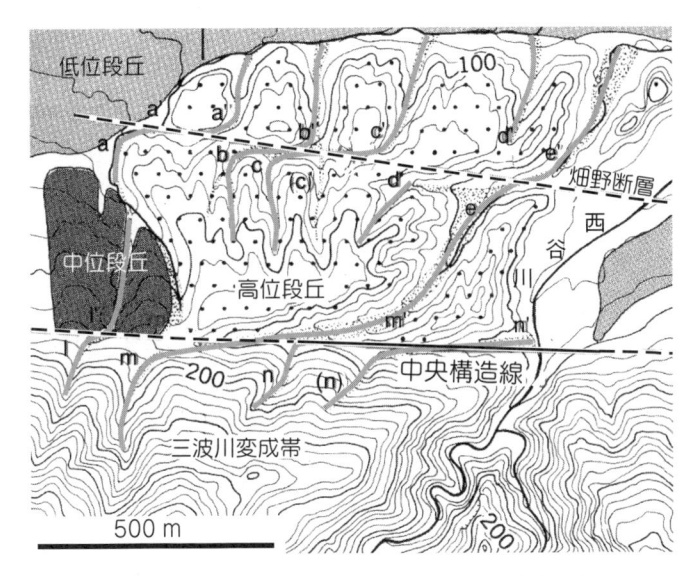

図15 四国石鎚山脈北麓の中央構造線の活断層地形
(岡田, 1973；貝塚ほか, 1985)

　兵庫県南部地震のときには，淡路島の野島断層で明確な右ずれの地震断層が現れ，道路や水路，生け垣や畑などが横にずれた（図17a）。また地震時に地表に現れた地震断層の表面には，断層の変位の軌跡を示す条線が観察された（図17b）。現在では，この地区の断層露頭が保存され，野島断層保存館として見学できるように整備されている（図17c）。

　図12や図16に示された中部～近畿地方の活断層の方向（走向）とずれのセンスを見ると，系統的な傾向が見いだされる。すなわち，阿寺断層，根尾谷断層，山崎断層など，北西－南東方向に延びている活断層は左ずれ，跡津川断層や四国中央構造線など，東北東－西南西方向に延びている活断層は右ずれとなっている。兵庫県南部地震をもたらした北西－南東走向の野島断層も，逆断層成分を伴う右ずれである。これらの傾向から，中部～中国地方の地殻はほぼ東西～西北西－東南東方向に圧縮されていることがわかる。さらに，南－北に走る伊那谷活断層系や琵琶湖西縁活断層系などは，西または東に傾斜する逆断層となっており，これらも東西圧縮場を反映している。

図16 中部地方のランドサット衛星画像に現れた活断層の変位地形
　　○で囲った部分は，河川が活断層に沿って変位していることが明確にわかる場所。跡津川断層では高原川が3km右にずれ，阿寺断層では加子母川（白川）が8km左にずれている。

図 17a　淡路島小倉地区にみられた生け垣のずれ（右ずれ）

図 17b　淡路島小倉地区の地震断層面にみられる断層条線

図 17c　野島断層保存館

2　地震と活断層

発展的課題

図18は久里浜港付近の地形図である。この地形図から，A級活断層である北武断層の位置と，断層地形から断層の変位のセンス（右ずれか，左ずれか）を読み取ろう。また，その断層の運動から，最大圧縮応力 σ_1 の方向を示してみよう。

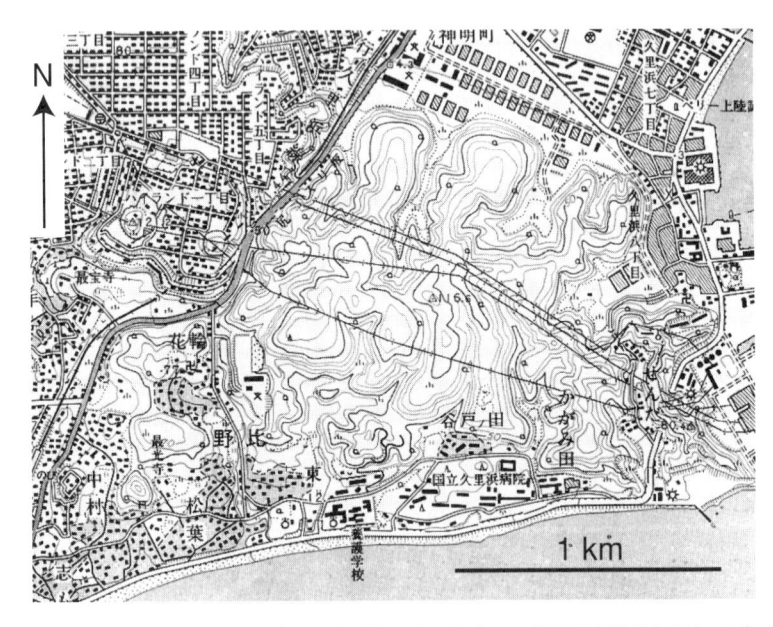

図18 久里浜港付近の地形図（国土地理院2万5千分の1地形図「浦賀」昭和53年版）

断層活動の歴史の調べ方

　断層の活動性の評価は，地震の長期予知につながる。それでは，断層の活動の歴史はどのように調べられているかを，阿寺断層を例にとって簡単に述べよう。阿寺断層は，木曽川がつくる段丘を貫いている。このような河岸段丘は，段丘面の標高が高いほどより古い段丘面（かつての河川の浸食・堆積面）である。阿寺断層が切断した段丘では，古い段丘ほど変位量が大きい。このことを利用して，段丘面を覆っている地層の年代と累積した変位量から，断層の平均変位速度を求めることができる（図19）。近年では断層を横断する方向に地面を掘削して，地層の年代と変位量との関係を詳細に調査するトレンチ調査が活発に行われており，活断層のかなり詳しい履歴が明かにされつつある。時代を決定するものとしては，火山灰（テフラ）などの鍵層や，炭質物の^{14}C年代測定が一般的であるが，遺跡の跡や土器なども，時代決定に役にたつことがあり，地震考古学という分野も存在する。1930年の北伊豆地震でトンネルを工事中に変位させた丹那断層では，詳細なトレンチ調査の結果，過去6000〜7000年については700〜1000年の周期で地震が発生していることが明らかになった。仮に700年周期とすると，次の地震は早くて2630年となるが，誤差が数百年と，人間生活の時間感覚よりもはるかに長く正確な予知はむずかしい。しかし，内陸性の地震は活断層に沿って繰り返し何度も生じており，活断層の存在の認定やその活動性の評価は，地震の防災上欠くことのできないものとなっている。

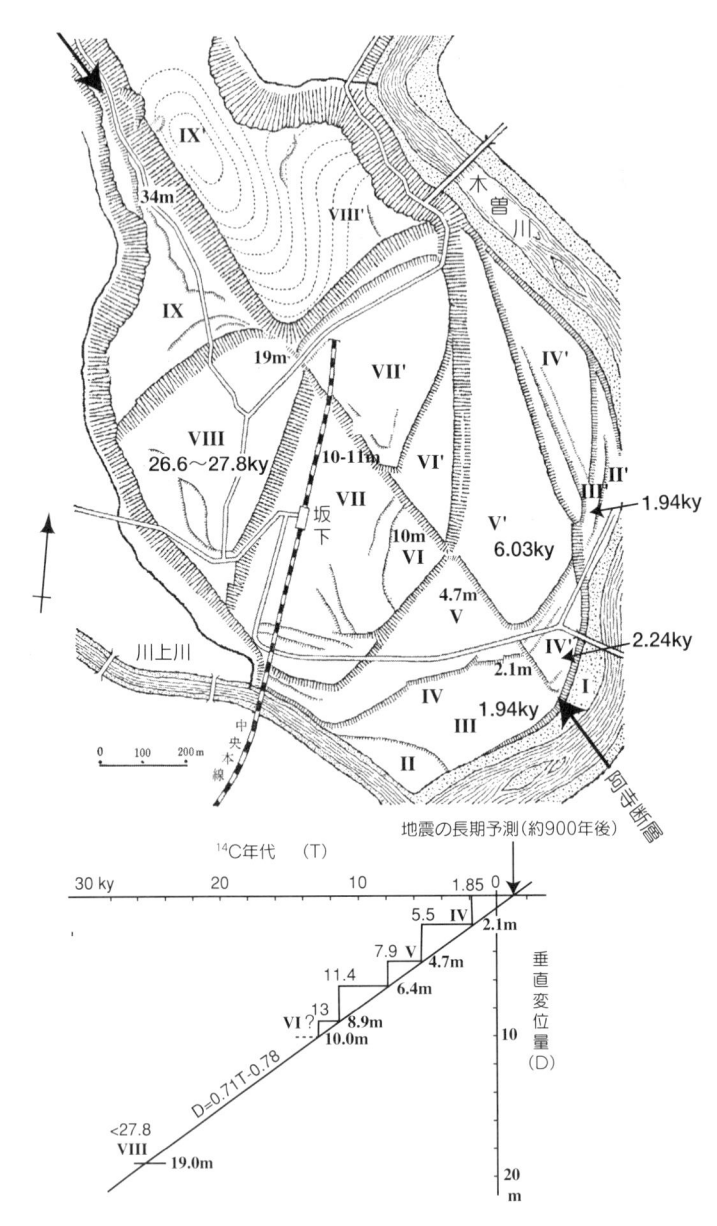

図 19 坂下付近の段丘面の垂直変位量 D（数字 m）と段丘面形成年代（上図：ky は 1000 年）および断層活動時期（下図）（平野，1981）

<参考図書>

長谷川昭(1991)：地震波でみた火山の深部構造，科学，61，566-569．

平野信一(1981)：阿寺断層の第四紀後期の断層活動と地震発生予測．月刊地球，28，250-257．

池田安隆・島崎邦彦・山崎晴雄(1996)：『活断層とは何か』，東京大学出版会，220p．

貝塚爽平・太田陽子・小疇　尚・小池一之・野上道男・町田　洋・米倉伸之　編(1985)：『写真と図でみる地形学』，東京大学出版会，241p．

活断層研究会編(1991)：『新編「日本の活断層」分布図と資料』，東京大学出版会，437p．

松田時彦(1992)：『動く大地を読む』，自然景観の読み方2，岩波書店，158p．

松田時彦(1995)：『活断層』，岩波新書423，岩波書店，242p．

西村祐二郎・鈴木盛久・今岡照喜・高木秀雄・金折裕司・磯崎行雄(2002)：『基礎地球科学』，朝倉書店，232p．

岡田篤正(1973)：四国中央北縁部における中央構造線の第四紀断層運動．地理学評論，46，295-322．

岡田篤正(1979)：『愛知県の地質・地盤（その4）(活断層)』，愛知県防災会議地震部会，122p．

島崎邦彦・松田時彦(1994)：『地震と断層』，東京大学出版会，252p．

吉川澄夫・伊藤秀美(1995)：1995年兵庫県南部地震の概要．月刊地球，号外13，30-38．

3 火山の活動と災害

円城寺 守

　地球は，太陽系（solar system）の一員であるが，他の惑星に較べると，現在でも活動的な「生きている惑星」であり，また水に極めて富んだ特異な天体である。地球を構成する物質は，それがおかれた環境に応じて，固体，液体，気体の形をとる。これによって地球は様々な階層構造をもち（第1章参照），それらがたがいに関連しあって，全体を構成している。ここではそのうちの固体地球部分，それも地表にごく近い所に起こる「火山活動」について述べる。この部分は地殻とよばれていて，鉛直距離にすると約 10 km 以浅の部分で，地球の半径の 0.2% にも満たない。

　火山の活動には，噴火のもとになるマグマの性質，その途中にある様々な岩石の性質，噴出地域の地形など，多くの自然科学的・自然地理学的状況が関係している。噴火の様子や程度には，岩石や鉱物の性質が強く反映されている。そこで，まず，これら岩石と鉱物についていくつかの定義や考え方を述べておく。また，結晶の考え方にも触れよう。結晶がみせる様々な性質はその内面的な性質の反映であり，これが結晶系（solar system）として表される。このように，太陽系から結晶系にいたるまで，システムという概念で構築されていて，この傾向はさらに原子の世界にもまた人間を取り巻く社会にもあてはまる。

　次に，火山の噴火活動とその影響について概略を述べる。鉱物の性質は岩石の性質に，岩石の性質は火山の活動に関係する。火山の活動様式は人間の活動や生存にも大きな影響を与え続けてきた。そのような立場から，火山の活動と

その影響に目を向けていくのがこの章の目的である。これらの様子は地下に起こっているどのような状況によっているのであろうか。その一端を紹介する。

過去に起こったまた地下に起こりつつある諸現象は，どのような立場から研究されているのであろうか。これについてもその一端を紹介する。

1　岩石と鉱物

岩石の種類と構成

岩石（rock）とは地殻を構成する一要素である。その成り立ちから，火成岩，堆積岩，変成岩に3分されている。これらは地球表層を巡りながら形を変えて岩石サイクルをなしている。

火成岩（igneous rock）とは，既存の岩石が溶融してマグマ（magma，溶融体 melt ともいう）となり，それが冷却して固化したものである。この一連の作用を火成作用という。火成岩は，その原岩の化学組成や冷却速度，産出状態などによって，珪長質岩－中性岩－苦鉄質岩－超苦鉄質岩，深成岩－火山岩，貫入岩－噴出岩などに分けられる。玄武岩，安山岩，花崗岩，斑れい岩などは代表的な火成岩である。（口絵参照）このうちの火山岩と噴出岩とが，火山の活動に直接に関係している。その生成の様子については，後述する。

堆積岩（sedimentary rock）とは，既存の岩石が破砕されて砕屑物となり，それが集積して固化したものである。侵食，風化，削剥，運搬，沈殿，続成など一連の作用のうち，沈殿および続成の部分が堆積作用にあたる。堆積作用の間に，砕屑粒子の分級が行われたり，生物の遺骸が保存されて化石が形成されたりする。礫岩，砂岩，頁岩，石灰岩，珪岩などは，代表的な堆積岩である。（口絵参照）

堆積岩を構成する粒子の多くは，他の場所から運ばれてきた（異地性）のもの（砕屑粒子）である。これらは，供給地の地質環境を反映しているかもしれないが，堆積の場における環境を示すものではない。粒子と粒子を結びつける

物質（膠結物）もあり，その場で自生する粒子もあるがその量は極めてわずかである。

変成岩（metamorphic rock）とは，既存の岩石が異なる物理化学的条件下におかれたときに，構成物質の形状と種類を変化させて（変成作用）生じたものである。変化の主な要因が圧力であるときには動力（広域）変成作用，温度であるときには熱（接触）変成作用という。片岩や片麻岩は前者の，ホルンフェルスは後者の作用によって生じた代表的な変成岩である。（口絵参照）

変成岩を構成する粒子には，原岩に存在していたものと新しい環境において生成したものとがある。両者の割合や種別は，変成作用の条件を規定するのに極めて重要である。変成岩の中には，変成作用で生じた自形結晶が発達することがあり，これを変晶とよんでいる。変晶の産状や性質はまた変成作用の様子を知る鍵でもある。

鉱物と結晶

鉱物（mineral）は，岩石を構成する要素である。その意味で，岩石を構成する主要な鉱物を造岩鉱物（rock-forming mineral）という。鉱物は天然に産する無機物であり，一般に結晶質の固体である。鉱物の多くは一定の化学組成をもっていて，そのためおよそ一定の物理的性質や化学的性質を示す。

鉱物は，色，硬度，条痕，光沢，比重，磁性など，固有の物理的性質をもっている。しかし，鉱物の物理的性質や化学的性質は様々な条件によって変化したり幅をもったりする。現在，約4000種の鉱物が知られているが，性質の捉え方によってこの数は大きく変化する。

鉱物はその構成元素の組み合わせから，元素鉱物，酸化鉱物，硫化鉱物，炭酸塩鉱物，珪酸塩鉱物などに分けられる。地表近くの条件では，磁鉄鉱や赤鉄鉱などの酸化鉱物，方解石や苦灰石などの炭酸塩鉱物，石英や長石などの珪酸塩鉱物がとくに重要である。ある鉱物は火成作用と密接な関係をもち，主として火成岩の中に見出される。ある鉱物は変成岩の中に特徴的に産出し，それに

よって変成作用の物理化学的条件が議論される。鉱物は，その化学組成的性質からくる安定性などに応じて姿を変え，あるものは岩石中に保存され，あるものは水に溶解して他所へ運ばれる。

鉱物はまた，光沢の種類や構成元素によって金属鉱物－非金属鉱物，光を通過させる程度によって不透明鉱物－半透明鉱物－透明鉱物，比重の大きさによって重鉱物－軽鉱物に分類されたり，磁性のある磁性鉱物，紫外線に反応する蛍光鉱物，放射線を発する放射能鉱物などとよばれたりする。人類の生活に密接な元素または化合物を得るための有用鉱物という概念は人類の歴史とともにあり，また宝石鉱物といったよばれ方も広く通用している。

結晶（crystal）とは，原子やイオンが三次元的に規則正しく配列した構造をもつものであり，鉱物の多くがこれに該当する。結晶は，立方晶系，正方晶系，斜方晶系，六方晶系，三方晶系，単斜晶系，三斜晶系の7種類に分かれていて，これを結晶系（crystal system）とよんでいる。結晶の内部の性質は，結晶面の性質や結晶の形にも反映されており，これがまた鉱物の様々な性質にも影響をおよぼしている。

岩石の野外観察は多くの情報を与えてくれる。とくに岩石の産状や規模の大きな組織は，壮大なスケールの議論を可能にする。しかし，岩石を構成する鉱物は，例外的なものを除けば，1 cm 以下の大きさであり，多くは 1 mm 以下である。このため，また鉱物の結晶光学的な性質を理解するために，顕微鏡の助けが必要とされる。偏光を利用した光学顕微鏡は岩石顕微鏡ともよばれ，火山岩をはじめ多くの岩石を調査し研究する重要な装置である（口絵参照）。

造岩鉱物の状態

造岩鉱物を化学組成からみると，ほんの限られた種類の元素からできていることが特徴的である。酸素，珪素，アルミニウム，鉄，カルシウムといった元素が大半（容積で 95.8%，重量で 92.5%，原子数では 94.9%）を占めている。残りの多種類の元素はほんのわずかということになる。これは，結晶分化の過程で

元素の分配が行なわれたためであるが,大半の岩石がほんのわずかの元素から成り立っているという事実は誠に興味深い。

ほんのわずかの量でしか存在しない元素が,岩石の性質を規定することもあるし,逆に微量元素の存在によって岩石の生成条件が決まることもある。また,微量の元素がある条件下で濃集して,元素の偏在を生じ,それが地球の営みを明らかにする1つの鍵ともなる(第5章参照)。

造岩鉱物を大きく分けると,鉄やマグネシウムを含む鉱物と含まない鉱物とになる。前者は苦鉄質鉱物とよばれ,黒褐色などの色のついたものが多く有色鉱物ともいわれる。後者は珪素やアルミニウムに富むため珪長質鉱物とよばれ,無色のものが多く無色鉱物ともいわれる。岩石の色は野外調査でも特徴的な性質であり,有色鉱物の存在する割合(色指数)を火成岩の分類に用いることもある(図1)。長石と石英は火成岩の性格を左右する重要な鉱物であるが,地殻の中にしか存在しないと考えられている。

鉱物の多くは結晶である。結晶は,その構成粒子が規則正しく配列しているために,一定の物理的性質および化学的性質をもっている。しかし,自然界にはある許容幅があって,少しだけならこの規則を乱しても何とか収まる。たとえば,原子の配列を(少しだけ)乱して,イオン半径が似た原子が構造中に入り込み,その結果,鉱物や結晶は完全なものから少し遠ざかる。入り込んだものを微量元素または不純物というが,これは自然界の度量の大きさかもしれない。入り込んだことがほとんど分からないほどのこともあるし,入り込みすぎて母体の性質を変えてしまうこともある。

性質がよく似ていると,かなりの量の原子が入り込んで性質が連続的に変化する。溶液が混じる様子に似ていて,これは固溶体とよばれている。極端な場合には,固溶体はいくつかの種類の純粋な化合物(これを端成分という)が自由に入れ替わる完全固溶体をなすこともある。

たとえば,2価のマグネシウムイオンと鉄イオンはほぼ同じ大きさのイオン半径をもっていて,どちらも結晶構造の中の同じ位置に入ることができる。か

んらん石は（Mg, Fe）SiO_4 の化学式で示されるが，これは Mg と Fe が同じ位置にいろいろな割合で入りうることを意味している。つまり，かんらん石は，Mg_2SiO_4 と Fe_2SiO_4 を端成分とする完全固溶体である。また，斜長石は灰長石と曹長石の固溶体である。たいていの造岩鉱物は固溶体であるともいえる。しかし石英のように固溶体をつくらないものもある。

　鉱物や結晶は，おかれた物理化学的条件下で，安定な物質に変化しようとする。しかし，現在の地表条件（常温常圧）下でそのような反応が起こるためには，極めて長い時間が必要で，実質的には変化が起こらないことがある。このような状態を準安定状態とよんでいる。かなり多くの鉱物が準安定状態にあると考えられる。

　ダイヤモンドと石墨はともに炭素からなる鉱物であるが，前者は立方晶系，後者は六方晶系であり，まったく異なる結晶構造をもっている。このように同じ化学組成をもちながら異なる結晶構造をもつ鉱物はたがいに多形（同質異像）であるという。石墨と比べると，ダイヤモンドはより高い圧力のもとで結晶したもので，より近接した原子間間隔とより大きい密度をもつ。ダイヤモンドは常温常圧下では準安定状態にあるため石墨に転移しないと考えられる。

　玄武岩質マグマからは鉱物が次々に析出してくる。かんらん石や輝石などの有色鉱物では，はじめのうちはマグネシウムに富むものが晶出し，つづいて鉄に富むものが晶出するようになる。無色鉱物の斜長石では，はじめのうちはカルシウムに富む結晶が，後にはナトリウムに富む結晶が析出してくる。このような現象は岩石中で普遍的に起こり，その結果生じた構造を結晶の累帯構造とよんでいる。

火成岩の生成

　マグマが地下深所でゆっくり固結すると，生成する鉱物の結晶核の数が少なく，その結果，鉱物は十分に発達して比較的粗い粒子となり，互いにほぼ同時期に生成したような組織をもった岩石を造る。この組織を等粒状組織といい，

	珪長質火成岩類	中間火成岩類	苦鉄質火成岩類	超苦鉄質火成岩類
火山岩（斑状組織）	流紋岩	安山岩	玄武岩	
深成岩（等粒状組織）	花崗岩	閃緑岩	斑れい岩	かんらん岩

体積比：石英／カリ長石／白雲母／黒雲母／その他の鉱物／斜長石（ナトリウムに富む→カルシウムに富む）／角閃石／輝石／かんらん石

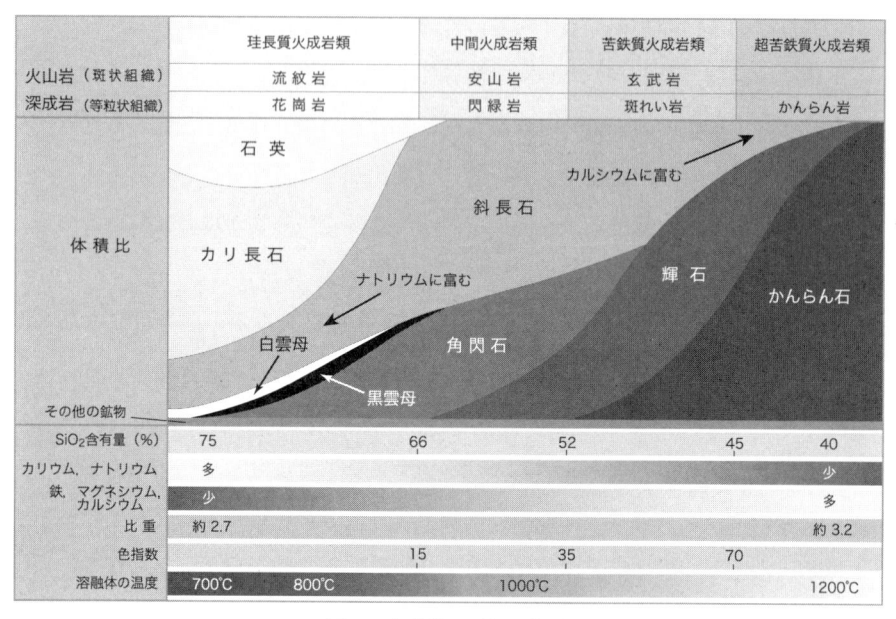

SiO₂含有量 (%)	75	66	52	45	40
カリウム，ナトリウム	多				少
鉄，マグネシウム，カルシウム	少				多
比重	約2.7				約3.2
色指数		15	35	70	
溶融体の温度	700℃　800℃	1000℃		1200℃	

図1　火成岩の分類と性質

マグマの性質と生成する火成岩の性質とを模式的に示した図。ここでは構成鉱物のうち有色鉱物を暗色（白抜き文字）で，無色鉱物を明色（黒文字）で示してある。マグマの性質と火成岩の性質がよく対応しており，このことは火山の噴火様式とも関係している（表1参照）。

よく用いられている図ではあるが，鉱物の量比は可能な幅をひとつの目安として示しているのであって，縦方向の長さがそのまま鉱物の量に対応しているわけではない。また，この図に当てはまらない火成岩もある。これらの点をよく理解した上で用いることが必要である。

以前はこの分類図中に火成岩と深成岩の中間の組織をもつ半深成岩をのせていた。しかし，この岩石は噴出岩や深成岩と密接な関係をもって生成することがあり，必ずしも深さによらないので，最近ではこれをのせないことが多い。

こうしてできた深成岩に特有のものである（口絵参照）。深成岩は，その化学組成が SiO_2 に富んでいると，カリ長石や石英などの珪長質鉱物を多く生じ，花崗岩質岩石となる。また，化学組成が鉄やマグネシウムに富んでいると，輝石やかんらん石などの苦鉄質鉱物を多く生じ，斑れい岩質岩石となる。中間的な化学組成のものは，角閃石や輝石に富んだものとなり，閃緑岩質岩石となる。鉄やマグネシウムの量が極めて多く，したがって珪素やアルミニウムが極端に少ないと，かんらん岩などの深成岩となる。かんらん岩の多くはマントル最上部で生成する。

一方，マグマが地表近くで固結するときには，急速に冷却する。未固結物質が急冷すると，鉱物の結晶核が豊富に生じて，小さな結晶の集合体（これを石基 groundmass という）が生じる。すでに生成していた鉱物（一般には自形を保ったままで，これを斑晶 phenocryst という）があると，その周囲を石基が満たすようになる。時には石基の大部分が結晶にならず，ガラスからなっていることもある。このように，斑晶と石基からなる組織を斑状組織といって，火山岩に特有のものである（口絵参照）。火山岩の場合にも，深成岩と同様，もともとのマグマの組成によって，生じる鉱物の種類や量，組み合わせが異なっている。

このように，火成岩の性質や生成の場の物理化学的条件の違いによって，火成岩には多様性が生じ，また火山の性質にも違いを生じる。地下におけるマグマの性質は，もととなる物質の性質を反映しており，また，生じる岩石の性質さらには火山の噴火様式にも関係し，その結果，災害の質や規模にも影響する。ここにも，これら一連の事象や現象をシステムとして捉える必然性がある。

マグマのもとになった物質については，まだよく分かっていないことが多い。たとえば，本源マグマというものが考えられている。本源マグマは，マントルの最上部にあるかんらん岩が部分溶融したもので，これから玄武岩質マグマが生じ，さらに他のマグマが生じるという考え方である。すなわち，玄武岩質マグマからかんらん石が結晶すると，残りのマグマは鉄やマグネシウムに乏しく

なる。また，カルシウムに富む斜長石が結晶すると残りのマグマはカルシウムに乏しくなる。こうしてもとのマグマは，珪素やナトリウム，カリウムなどが多い安山岩質マグマや流紋岩質マグマに変化していく。このように，晶出した結晶が取り除かれてそれまでとは異なった性質のマグマを生じることを結晶分化作用とよんでいる。結晶分化のいろいろな段階で噴出したり，地下で固まったりするので，1つのマグマからでもいろいろな岩石が生成し，岩石の多様性が生じる。

地下でどのような結晶分化作用が進んでいるのか，本当の所はよく分かっていない。しかし，火山活動の性質を知るためには極めて重要である。そのため，地下の高い温度・圧力を想定したシミュレーション実験が進められている。

マグマの状態

火成岩を構成する鉱物は，その大半が，マグマから生成したものである。地下にあるマグマの状態そのものを推定することができるので，火成岩構成鉱物はとりわけて重要である。火成岩が生じるときに関与した揮発性成分の量は，マグマによって違いがあるが，およそ数％であると見積もられている。マグマ全体に比べると決して多くはないが，揮発性成分は鉱物生成に関して極めて重要な束縛条件をもつことが知られている。残念なことに，揮発性成分の大部分は失われてしまっていて，とり残されたものが岩石である。いわば岩石は火成作用の化石のようなものであるが，この岩石を用いて地下のマグマの状態が考察されている。

マグマそのものを見た者はいないが，火山噴火に見られる溶岩は，それに近いか少なくともその活動の末期に相当するものであろう。真っ赤に焼けた流動性のある溶岩は，地下に存在するマグマの様子を連想させる。玄武岩質溶岩の粘性は小さく，流動性が高い分爆発性に乏しい。そのためハワイ島の火山などで流出した溶岩を汲み取って，それを様々に研究する方法がとられている。マグマに最も近い物質であり，実験室における高温高圧実験と共に，各種の情報

が得られてきている。

　火成岩の造岩鉱物は，マグマから析出したものばかりではないであろう。もともとのマグマ中に溶けきれなかったものもあるかもしれない。あるいは，冷却する過程でその性質を変えたものも多い。たとえば，高温で生じたある結晶は，低温になるにしたがって新しい条件下で安定なものに変化する。また，火成岩として生じた後も，地表条件下で熱水や地下水に晒されて，新しい鉱物が晶出したり，鉱物からある成分が溶出したりすることも起こる。このように，生成後にも岩石は絶えず変化する可能性があり，その状況の評価や解釈にはいつも細心の注意を払う必要がある。

　自然物を対象にしていると，十分な条件が与えられていて他の要因を考慮しなくてもよい，というような試料にぶつかることはめったにない。しかし，あるものを求めるために一見すると邪魔な要因が，他の現象を理解する助けになっていることも多い。このように完全性と不完全性（欠陥）は常に存在し，共にその存在意義を主張しているようにみえる。

　火山の噴火様式は，マグマの粘性とマグマ中の気体（揮発性）成分とによっている（表1）。このうち，粘性はマグマの元素組成の影響を強く受ける。気体成分は鉱物中にはほとんど入らないので，マグマの固結が進むにつれて，マグマに溶け込んでいる気体成分の割合はしだいに大きくなる。そのため，分化作用の進んだ流紋岩質マグマほど，爆発的な噴火を起こすようになる。セントヘレンズ火山（アメリカ合衆国）やピナツボ火山（フィリピン）はこのようなものである。

　中央海嶺の火山岩や海洋中のホットスポットの火山岩は，あまり結晶分化の進んでいない玄武岩質マグマからできる。ハワイの火山やアイスランドの火山はこれに該当する。弧状列島の火山岩は安山岩であることが多いが，玄武岩や流紋岩もあり多様性に富んでいる。日本列島にはこれらが共存している様子がみられる。弧状列島の下では地殻の一部が融解して流紋岩質マグマが発生する

表1 火山噴火の様式

噴火の様式	ハワイ式	ストロンボリ式	ブルカノ式	プリニー式
噴火の特徴	割れ目から低い粘性の玄武岩質の溶岩が流出する。	比較的低い粘性のマグマが間欠的に爆発噴火。半固結溶岩が数100mの高さに噴き上がる。	火山ガスにより、溶岩が数1000mの高さに噴き上がる。	発泡した溶岩が10000m以上の高さに噴き上がる。
火山の例	キラウエア（ハワイ）マウナロア（ハワイ）	ストロンボリ（イタリア）伊豆大島三原山、阿蘇山	ブルカノ（イタリア）桜島、浅間山	セントヘレンズ（アメリカ）ピナツボ（フィリッピン）
火山体の例	楯状火山	成層火山	成層火山	成層火山、カルデラ火山
噴火の様子	穏やかに噴火溶岩流が多い			爆発的に噴火火山弾や軽石、火山灰が多い
特徴的な噴出物	アア溶岩パホイホイ溶岩	紡錘状火山弾	塊状溶岩　パン皮状火山弾	軽石　スコリア
噴出物の外観	黒・暗灰色			灰・淡灰色
マグマの性質	玄武岩質	安山岩質	安山岩質	石英安山岩質〜流紋岩質
マグマの粘性	低い			高い
マグマの温度	1200°C	1100°C	1000°C	900°C
SiO$_2$ 量	少ない			多い

（浜島書店編集部、1995 を改変）

とか，流紋岩質マグマと玄武岩質マグマの混合によって安山岩質マグマができるといった，いろいろなマグマ成因論が展開されている。

2　火山の活動と災害

　日本は火山国である。日本は地震国である。日本には地熱や温泉が多い。これらは，地球科学的に見ると，たがいに密接に関連した原因による事象である（第1章および第2章参照）。火山の噴火様式や災害被害の程度は，起源となるマグマの物理的化学的性質や噴火地の地形的条件などとも密接に関係している。また，噴煙が地球規模で気象に影響を及ぼした例も多く知られている。

　火山の分布とその解説についてはここでは割愛するが，地球表層におけるプレートの運動と密接な関係があることが明らかになっている（第1章および第2章参照）。図2および図3に，日本および世界の火山の分布をあげておく。

火山の噴火災害

　以下に，日本および世界におけるいくつかの火山噴火の例をみてみよう。

① **雲仙普賢岳（長崎県）**　雲仙火山では，1990年11月から噴火が始まり，熱せられた地下水が急膨張（水蒸気爆発）し，マグマ起源の火砕物質が放出された。1991年5月，普賢岳頂上付近に粘性の高い石英安山岩（デイサイト）の溶岩が出現し，固まりかけた先端部分が次々に崩落して火砕流が起こるようになった。この結果，溶岩中に閉じ込められていた気体成分が噴出し，これがさらに溶岩の破砕を招いて細かくなり，これらの火砕物質と暖められた空気の混合体が火砕流となって谷を流下したのである。6月3日の火砕流では43名の犠牲者が出た。この噴火は1994年まで続き，流出したマグマの量は約 $0.2\,\mathrm{km}^3$ であり，そのうちの約6割が火砕流として流下したと見積もられている。

② **三宅島（東京都）**　1983年10月，三宅島雄山の南西斜面から噴火が起こり，

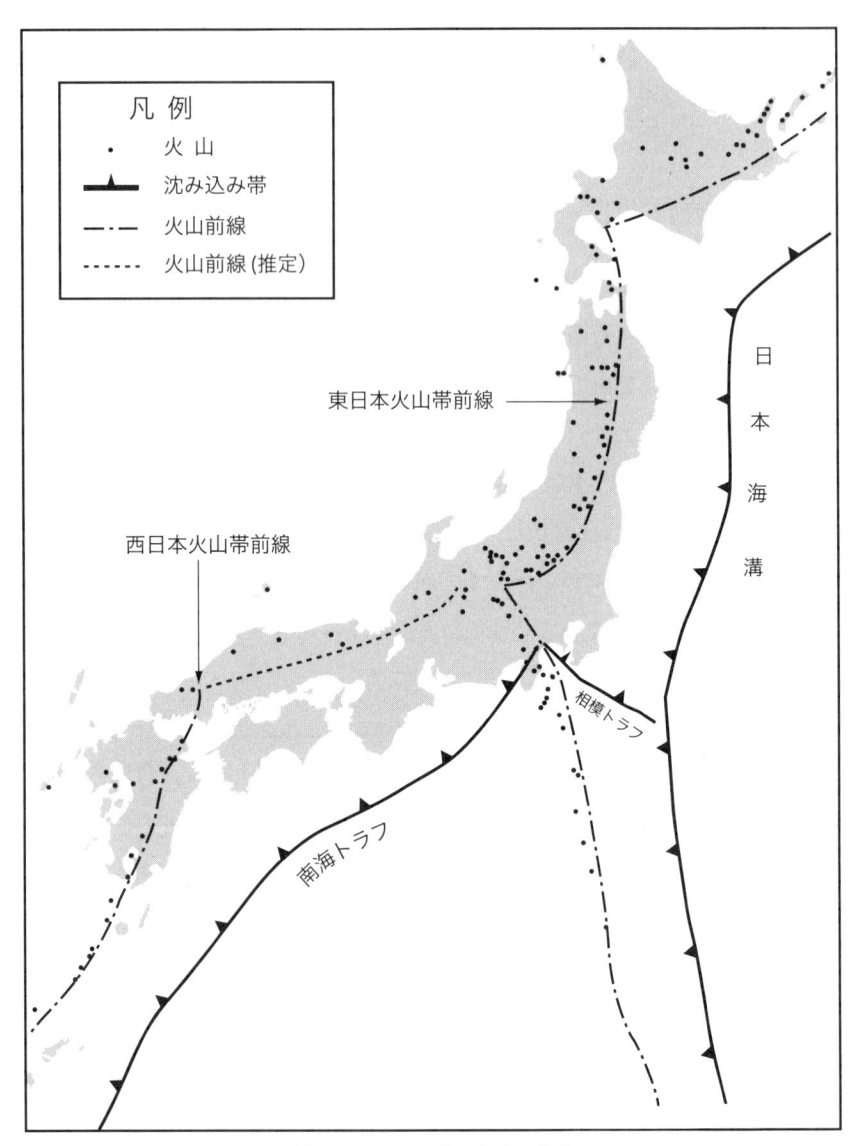

図2　日本における火山の分布

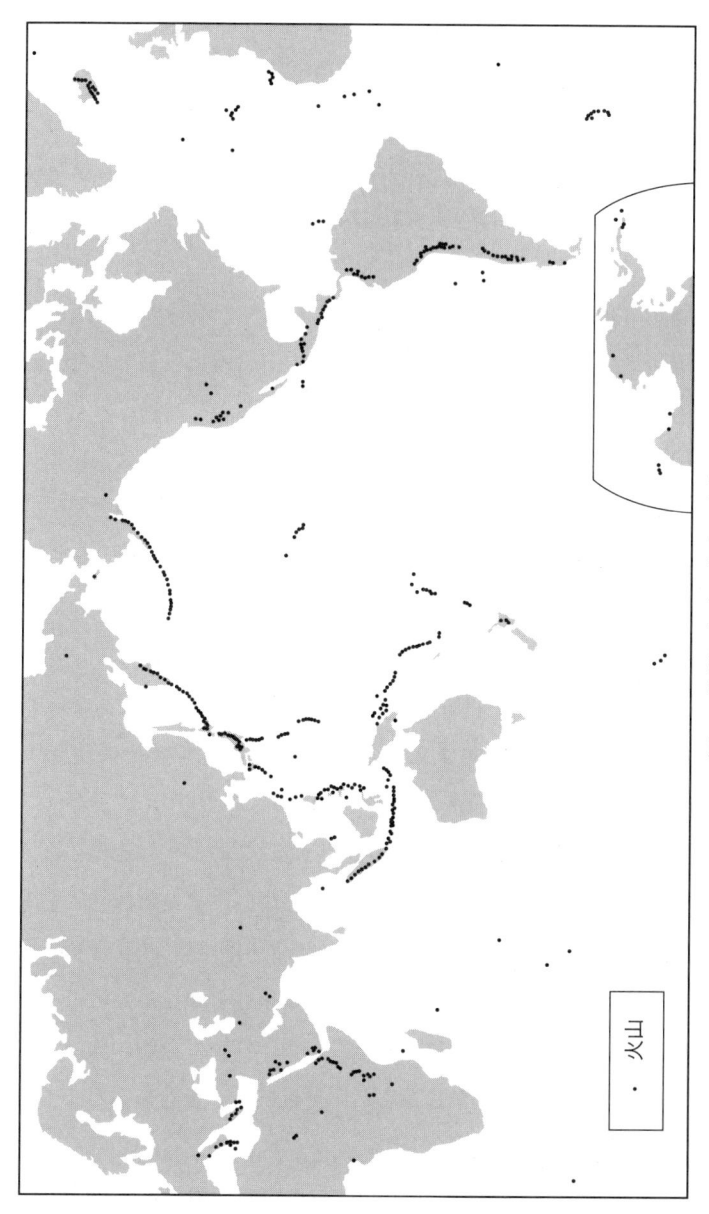

図 3　世界における火山の分布

火山
・

3　火山の活動と災害

火柱とともに玄武岩の溶岩が流出した。谷沿いに流下した溶岩流は，噴火割れ目の西3kmにある阿古地区の集落に達し，2時間後には民家に火災を発生させ，340棟を全壊した。島の南東側では西風で飛び火した火山礫や火山灰のために山林が焼失し，畑などが埋没した。（口絵参照）この噴火は21年振りのものであったが，その17年後の2000年8月にはまたしても溶岩が噴出した。この噴火では大量の火山ガスが放出され，全島民が避難離島した。

③ **昭和新山（北海道）** 1943年から45年にかけて，有珠火山の東南山麓の麦畑に火山活動が起こって，比高約350mの溶岩円頂丘を生じた。岩石は紫蘇輝石石英安山岩。火山性地震と地盤の上昇および傾動，水蒸気爆発から噴火があり，溶岩が現出し円頂丘に成長した。この経過は三松正夫によって克明に記録され，その新山の成長図はオスロー万国火山会議にてミマツダイヤグラムと命名され高く評価された。その後，多くの詳細な火山学的研究がなされた。

④ **磐梯山（福島県）** 1888年，磐梯山は水蒸気爆発を起こして，安山岩からなる山体の約3分の1が崩壊した。火山泥流や岩石雪崩となって流下し，北麓の集落が埋没し，450人以上の犠牲者が出た。噴出物の総量は1.2 km^{3}におよび，このときの崩落によって山頂から約700 mが失われ，それが現在でもぽっかりと大きな孔になっている。このときに流出した土砂によって，渓流が埋まって檜原三湖や五色沼を生じ，また磐梯高原を生じた。

⑤ **浅間山（長野県）** 「天明3年（1783年）浅間山の噴火は5月9日から始まったとされるが，8月3日からは一段と激しさを増し，ついに5日の午前にはクライマックスの状態に達した。午前10時30分頃，火口から噴き上げられた岩塊は，浅間山麓に落下し，付近の土石を巻き込んで雪崩のような状態で斜面を高速で流れ下った。

鎌原村（現嬬恋村鎌原区）を中心とした浅間山麓の被害はこの時に発生した。災害の中心となった鎌原村は，戸数百戸前後，人口570人ほどの浅

間山麓の拠点的な集落であったが，村は一瞬にして埋没し，被災死亡者は477人，生存者は93人とされる．…（中略）…（観音堂の石段の調査から）土石層の厚さは6メートル前後であったことが判明した．…（後略）」（県指定史跡「天明3年浅間やけ遺跡」碑文，群馬県教育委員会，嬬恋村教育委員会，平成14年8月）

　噴火の後，溶岩流が山頂の火口から流出した．そのときの様子を，立松（2003）は小説「浅間」の中で次のように表現している．「…お山の口から真っ赤に焼けた押し出しが流れ出すのを見ただあよ．まるで鬼がぞろぞろと這い出してくるようだったが，途中で止まったべえ．それからその場所でいつまでも赤く光ってたべえ．」その時の玄武岩の溶岩流は「鬼押し出し」という名でよばれている．（口絵参照）

　翌6日には岩雪崩堆積物がせき止めた吾妻川の堰が決壊して大洪水を生じ，さらに1000余名の犠牲者が出た．浅間山噴火のときの噴出物の総量は0.2 km³と見積もられており，気象異変を助長したといわれている．

⑥　ネバド・デル・ルイス（Nevado del Ruiz）火山（コロンビア）　ネバド・デル・ルイス火山は北部アンデス火山帯の北端に位置する成層火山で，1985年11月に噴火した．発生した火砕流が周辺の氷河を解かし，これが泥流を発生させて東斜面の谷を流下した．泥流は，火口から50 km離れた町を襲い2万5000名が犠牲になった．安山岩と石英安山岩からなるこの成層火山は標高約5400 mと高く，頂上付近は氷雪に覆われていて，噴火時にこれが融解して泥流被害を起こしてきた．このため，この噴火以前に精度の高い火山災害予測図が公表されており，泥流の到達範囲も予想通りのものであったが，有効に活かされず大きな被害となった．

⑦　セントヘレンズ（Saint Helens）火山（アメリカ合衆国ワシントン州）　セントヘレンズ火山は1980年5月に大噴火を起こした．山頂部の崩壊による岩屑流とこれに伴う爆風により死者62名を出した．山体崩壊を起こして山頂を吹き飛ばし，直径2 kmのカルデラを形成した．これにより岩雪崩

が起こり谷が埋没し，泥流による著しい洪水が起こった。高温度の爆風によって広域にわたる破壊があった。また，激しく降り積もった火山灰により，各種の都市機能が麻痺したり環境衛生面で大きな被害を生じた。火山灰は北米全土に降下し，このときの浮遊粒子状物質（エアロゾル）は成層圏に達し，世界的に気象変動を起こした。しかしこのような大規模な噴火にもかかわらず，事前に作成されていた災害予測図に従って住民の避難や観光客の立ち入り規制などが行われたため，最小限の被害で済んだという噴火予知に成功した希な例である。

⑧ **その他の火山噴火** 噴火規模が大きく，多くの犠牲者を出した火山は枚挙にいとまが無い。たとえば，インドネシアのクラカトア火山（1883年，岩石は安山岩質～石英安山岩質～かんらん石玄武岩質，高さ20mの津波を生じ死者3万6000名，火山島が消滅）やタンボラ火山（1815年，噴火の直接・間接による死者は9万5000名とも5万8000名とも，岩石は白榴石ベイサナイト～白榴石テフライト，噴出物総量150 km^3），イタリアのベスビオ火山（1631年，死者1万8000名）やシチリア島のエトナ火山（1169年，死者1万5000名；1669年，死者1万名），アイスランドのラーキ火山（1783年，噴出物総量15 km^3，死者1万名，割れ目噴火）などの大きな被害を出した火山が知られている。もっとも，火山被害は噴火による直接の災害から，間接的な洪水，降灰による健康被害，関連する飢饉飢餓による間接的なものまであり，さらには天候異変なども影響するため，極めて多岐広範にわたる災害であり，犠牲者の数の特定も容易ではない。

また，人的被害は大きくないが，ハワイ島のマウナロア火山やキラウエア火山はしきりに噴火し，大規模な割れ目噴火が多く溶岩噴泉が火のカーテンをなす火山として知られている。近年，この溶岩が海底に噴出して枕状溶岩が形成される様子が記録された。また，モザンビークのランガイ火山は1960年にカーボナタイト（火成炭酸塩岩）溶岩流を噴出した特異な火山である。

マグマの活動と火山噴火

このように火山の噴火のタイプや規模様式は様々である（表1）。似た種類のマグマからできていても，地形的影響によって，その後に火砕流や洪水が発生したり，融雪や融氷を招いたりする。成層火山を作るような噴火で，一連の火山噴火のパターンを大まかに見ると，

① 気体成分に富んだマグマが火砕物質を吹き飛ばし，火山灰を生じる，
② 気体成分の抜けたマグマが噴き出して火砕流を生じる，
③ 大部分の気体成分が抜けたマグマが噴き出して溶岩が流出する，

というのが一般的傾向である。

また，噴出物の種類は地下にあるマグマ溜りの様子を反映しているであろう。すなわち，噴火のはじめの時期にはマグマ溜りの上部にある物質が噴き出し，次第に下部にある物質が噴き出すようになる。したがって，地表に降り積もったり流出した堆積物はマグマ溜りにあるときとは逆の順序になっている，と考えられている。

火山噴火では多くの場合降灰を伴うが，火砕流と溶岩は一方あるいは双方とも伴われないこともよくある。火山の噴火は地域や噴火時期によって異なることが多く，これが噴火の予知や対応を困難にしている理由でもある。

前述のように，火山噴火の予知に成功したとみえる例もいくつか知られている。日本においても，火山性地震や鳴動の頻度が急に増加したことを感知して，火山の噴火に対する予兆をとらえる努力がなされている。しかし，その規模や程度まで含めると，噴火予知は難しい。それは，台風や地震など他の災害の間隔に比べると，火山の噴火の間隔が長く，経験事例が少ないため，前回の教訓が忘れ去られてしまうからでもある。

火山の噴火においては，どちらかというと予兆があってから行動できるという性格をもっている。このようにして，1986年の大島三原山の噴火では1万名が，2000年の三宅島雄山の噴火では4000名全員が離島避難し，幸いに死傷者を出さずに済んだ。これは，マグマの性質が粘性の低いものであることにも

よっている。しかし，三宅島の場合には，現在（2004年3月）も避難が続いており様々な社会的問題を投げかけている。

　火山噴火の予知は，現在，地下における地震の頻発，土地の隆起，噴気孔からの噴出ガスの種類と量の変化などの前兆を観察することによって試みられている。噴火そのものの予知にはいくつか成功例があるが，災害を効果的に防ぐのに役立つような程度に予測できる段階にはない。日本の火山噴火は大規模で爆発的な激烈な噴火を伴うものが多いので，とくに深刻な問題である。

　2000年には，富士火山の深部に低周波地震が頻発した。これが地下におけるマグマ活動の活発化を反映しているとして，大いに注目を浴び，いろいろな機関でハザードマップなどが作成された。しかし，災害予測の困難さもあり，地震の発生回数が減るにつれて，「悪戯に民心を…」などという声にかき消されがちである。こうして「災害は忘れた頃にやってくる」のであろう。

火山噴火の被害

　ひとたび火山が噴火するとその被害は甚大である。噴石・溶岩・火山灰による直接的な被害のみならず，熱雲や泥流による二次的な影響によって多くの人命が奪われてきたのである。さらに噴塵が気象や航空管制などに与える影響も大きい。

　火山噴火の程度は，マグマの性質や地質的条件，降雨などの気象的条件によるといわれている。火山性微動地震の観測，土地の隆起の観測などが有効であることが少しずつ分かってきて，火山の観測網が整備されつつある。しかし，地域差が極めて大きく，したがって噴火の予知は極めて難しい。

　噴火の予知そのものも重要であるが，それが引き起こす社会的経済的影響も看過できない。予知の方法を間違えれば，社会的不安を増大させるし，そのことが予知活動そのものを無意味なものにすることさえある。この種の自然災害は近未来に必ず起こることが確実視されている。にもかかわらず，今のところ人間の手で制御できるものではない。

日本のような造山帯に住む者にとってはある種の宿命でもある。火山に関する研究の成果が少しでも解明されて予知予測が可能なものとなり、被害を小さくできればと願うものである。

　被害を最小にするためにも観測を重ねて情報を収集し、それを絶えず思い起こすように普段から修練を重ねることが肝要である。火山災害に対して常日頃から十分に心構えをし、またその日その時のための社会不安を少しでも取り除いておくような施策そして教育が必要である。

　火山の噴火は地球が生きていることの証拠であり、温泉や地熱や鉱物資源の生成とも密接に関連した現象である。火山は観光の面でも大きな役割を担っている。最近では、大量の火山灰を処理してコンクリートを作ったり工業製品を作ったりという試みもある。火山および火山災害が、とくにわが国のような地域にあっては、地球システムの一環として極めて重要であり、システムとして地球問題を考えなければならないゆえんである。

3　火山岩の研究例

　火山および火山岩に関する問題は地球科学的にも生命科学的にも興味ある多くの課題を擁している。また災害にかかる諸問題は社会的にも極めて重要なものである。そのため、様々な対象について、多くの研究が進められている。そのようなものの中から、ここでは早稲田大学教育学部で行なわれている研究の一端を紹介する。

斑晶中のガラス包有物

　地下で生成したマグマは溶融体であるが、温度が降下するにしたがって核が形成し結晶が晶出しはじめる。晶出した結晶はマグマの残液中を漂いながら成長していく。結晶が成長するときには様々な原因によって成長欠陥が生じるのがふつうである。たとえば、原子の配列に乱れを生じたり、積層すべきところ

に孔が開いたりといった具合である。孔の大きさは数～数 $10\mu m$ 程度である。その大きさや程度，分布様式などは様々であるが，母結晶の結晶学的性質や成長速度などを反映している（第5章参照）。

結晶の内部に外界の媒体の一部が取り込まれる。結晶中に捕獲されたこのような溶融体を総称して融体包有物（melt inclusion）とよぶ。融体包有物はマグマの微細なサンプルである。気体成分も含まれていて，マグマの化学組成や物理化学的性質などを全体として保存しているはずである。

融体包有物は，母結晶がおかれた環境によって，その後いろいろな道を辿る。マグマが冷却するにつれて母結晶もその中の包有物も冷却する。溶融体の収縮は母結晶の収縮よりも著しく，そのため包有物の内部には気泡が生成する。また，溶解している成分が析出することもある。マグマが地表近くで急速に冷却されると，包有物も急冷してガラス化する。このようにしてガラス包有物（glass inclusion）が生成する。深成岩中の結晶のようにゆっくりと冷却するとその中の包有物は結晶化を続ける。このようにして結晶化包有物（crystallized

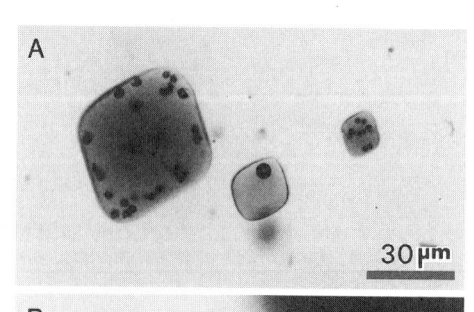

図4　ガラス包有物
A．かんらん石中のガラス物，ガラス，気泡，磁鉄鉱を含む（鹿児島県開聞岳産玄武岩）。B．石英中のガラス包有物，褐色のガラス中に複数個の気泡を含む（茨城県日立市初瀬産礫岩）

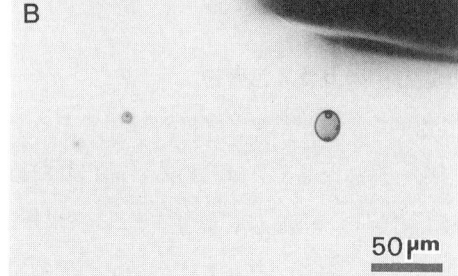

inclusion）が生成する。

　ガラス包有物や結晶化包有物の産状や形態，熱的性質や化学組成を調べることにより，マグマの分化すなわち火成岩の生成に関する様々な情報が得られるようになってきた。鉱物の成長に際しての欠陥が，その成長に関する情報を紐解く鍵を用意していることになる。

黒曜岩中の晶子

　黒曜岩は，流紋岩〜石英安山岩質のガラス質火山岩である。大部分は火山ガラスからなっていて，その割れ口は特徴的な貝殻状断口を呈し，鋭いエッジを形成する（口絵参照）。人類の祖先はこの性質を利用して石斧や矢尻などの道具を開発し，それを生活の中で利用していった。その意味で，石塊を除けば，黒曜岩は人類が最初に利用した資源ということになるであろう。

　今日，黒曜岩は加工され，軽量骨材資源や吸着材として，近代生活の多くの重要な場面で役立っている。黒曜岩を粉末状にして加熱すると発泡して体積が約1000倍に膨張する。軽くて耐火性があるので建築材料として有効に使用できる。発泡すると多孔質で表面積が極めて大きくなるので，各種の気体や液体を吸着したりろ過したりするのに有効である。まさに黒曜岩は，人類の曙から今日に至るまで貴重な資源を用意してきたのである。

　黒曜岩はなぜ発泡するのであろうか。元々のマグマには，約2％程度の水をはじめとする揮発性成分が含まれている。マグマが急冷されたため，水は外部に出ることができず，ガラス中に閉じ込められたと考えられる。このような水は岩石中にどのような形で存在しているのであろうか。

　黒曜岩を薄く切って内部を顕微鏡で観察すると，微細な塵のような物質が多数認められる。産地によってまた試料の部分によっていろいろなタイプのものがある（図5）。これらは結晶が生成するときの核になるもので，晶子（crystallite）とよばれている。溶融体がゆっくりと冷却すれば，これらの晶子は順当に成長して結晶になったであろう。しかし，溶融体が急冷したために成長す

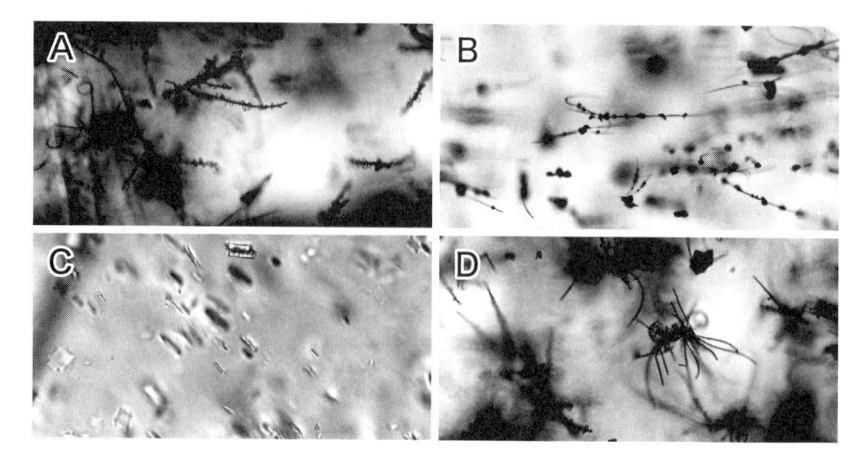

図5　黒曜岩中の晶子　A. 晶子（試料；東京都新島産黒曜岩）　B. マーガライト様晶子（試料；北海道十勝群十勝川産黒曜岩）　C. 晶子（試料；長野県和田峠産黒曜岩）　D. トリカイト様晶子（試料；北海道湧別川産黒曜岩）

ることなく固定されてしまったのである。晶子の性質についてはまだよく分かっていない。おそらく晶子の形態的・結晶学的性質が黒曜岩の生成環境ひいては火成岩の生成やマグマの分化の問題を解く鍵を提供するであろう。

　これらの晶子が岩石中の水の存在と密接な関係を有していることが予想される。このようにして水の存在状態が分かれば黒曜岩の生成環境や岩石の結晶の生成などが明らかになってくることであろう。

<参考図書>

安藤雅孝・早川由紀夫・平原和朗（1996）：『地震と火山』，地学団体研究会編，新版地学教育講座，東海大学出版会

地学団体研究会編（1996）：『新版地学事典』，平凡社，1443p.

第一学習社編集部（1995）：『新訂地学図解』，第一学習社，168p.

Francis, P. (1976)： *Volcanoes,* Penguin Books, 368p.

浜島書店編集部（1995）：『最新図表地学』，浜島書店，153p.

池谷　浩（2003）：『火山災害』，中公新書，中央公論社，208p.

石黒　耀（2002）：『死都日本』，講談社，520p.

国立天文台編（2003）：『理科年表　第77冊』，丸善，945p.

久城育夫・荒牧重雄・青木謙一郎編（1989）:『日本の火成岩』，岩波書店，206p.

長倉三郎ほか編（1998）:『岩波理化学辞典第5版』，岩波書店，1854p.

中村一明（1978）:『火山の話』，岩波新書，岩波書店，228p.

中村一明（1989）:『火山とプレートテクトニクス』，東京大学出版会，323p.

Roedder, E.（1984）: *Fluid Inclusions*. Review in Mineralogy, Vol. 12, Mineralogical Society of America, 644p.

立松和平（2003）:浅間，新潮，1180号，新潮社，340p.

手塚治虫（1985）:『火の山』，講談社，232p.

Thomas. A. V. and Spooner E. T. C.（2000）: The volatile geochemistry of magmatic H_2O-CO_2 fluid inclusions from the Tanco zoned granitic pegmatite, southeastern Manitoba, Canada. *Geochem. Cosmochim. Acta*, 56, 49-65.

Thomas, R., Webster, J. D. and Heinrich, W.（2000）: Melt inclusions in pegmatite quartz : complete miscibility between silicate melts and hydrous fluids at low pressure. *Contrib. Mineral. Petro.* 139, 394-401.

Van den Kerhof, A. M. and and Hein, U. F.（2001）: Fluid inclusion petrography, *Lithos*, 55, 22-47.

4 地球システムと水

久保 純子
高橋 一馬

20 世紀は石油，21 世紀は水の時代

　2003年3月に京都・大阪・滋賀で開催された「第3回世界水フォーラム」では，大学や研究所，行政機関，企業，政治家，NGOなど，さまざまな立場の者が世界各地からのべ1万人以上も参加して，水に関する問題点を話し合った。なかでも洪水と干ばつ，水資源をめぐる紛争，安全な水の供給などのテーマに多くの関心が集まった。

　20世紀には，石油をめぐるエネルギー革命と資源獲得競争，そして化石燃料消費による地球温暖化などが主要な課題となった。21世紀には，水資源が国際社会のバランスに大きな影響を与えることが懸念され，「21世紀は水の世紀」となるともいわれている。第3回世界水フォーラムは，まさに「水の世紀」の始まりを象徴する会議となった。

　水は地球システムにも人間社会にも重要な役割を果たし，またその分布や移動，質と量は今日の地球環境問題において大きな課題となっている。本章では，地球上の水の分布と，それを利用する人間からみた「水資源」に関わる問題（第1節／久保）と，多すぎる水による問題（第2節／久保），足りない水による問題（第3節／高橋）を紹介する。

1 地球の水循環と人間‥‥資源としての水

　地球は「水の惑星」と呼ばれ，その表面の約3分の2は水に覆われている。また，地球上の水は気相（水蒸気）・液相（液体としての水）・固相（氷）の三態にそれぞれ変化しながら，閉じたシステムとして循環している点に特色がある。さらに，水は地球上の生命をはぐくみ，人間の生活にもなくてはならない存在である。

　本節では地球上の水の循環と，それを利用する人間の側からみた資源としての水について述べる。

地球上の水の量と循環

　地球上の水の総量は約14億 km^3（$13.86 \times 10^8 km^3$）である。宇宙空間への放出や地殻内部からの付加は無視できる量として，地球上の水の循環は一般的には閉じたシステムとして考えられている。

　地球上の水の96.5%は海水，約1%は塩湖水で，淡水は2.5%（約3500万 km^3）にすぎない。淡水の内訳をみると，約3分の2（68.7%）は氷河など雪氷で，残りの30.1%が地下水，河川水は0.01%にも満たない（表1および図1）。

　あとで述べるように，水資源という視点からみると，人間の利用している水は，淡水のなかでも地下水，河川水と若干の雨水など「フローとしての水」（移動している水）で，非常に限られた量であるといえる。

　地球上の水は閉じたシステムのなかで循環しているので，表1の「存在量」とは別に，年間の「移動量」としてみたものが図2である。地球表層を大気中，陸上，海洋に分けてみてみると，大気中から陸上へは雨や雪など「降水」として移動している。反対に，陸上から大気中へは「蒸発」で戻る。陸上の場合は蒸発量よりも降水量のほうが多く，その差（余剰分）が河川や地下水などの形で海へ「流出」する。

　大気から海洋への「降水」は陸地の約3倍強であるが，海洋から大気への

表1　地球上の水の量[1]

水の種類		量 (1,000km³)	全水量に対する割合（％）	全淡水量に対する割合（％）
海水		1,338,000	96.5	
地下水		23,400	1.7	
	うち淡水分	10,530	0.76	30.1
	土壌中の水	16.5	0.001	0.05
	氷河等	24,064	1.74	68.7
	永久凍結層地域の地下の氷	300	0.022	0.86
湖水		176.4	0.013	
	うち淡水分	91.0	0.007	0.26
	沼地の水	11.5	0.0008	0.03
	河川水	2.12	0.0002	0.006
	生物中の水	1.12	0.0001	0.003
	大気中の水	12.9	0.001	0.04
合計		1,385,984	100	
	合計（淡水）	35,029	2.53	100

（注）1．Shiklomanov, 1996, Assessment of Water Resources and Water Availability in the World (WMO)による。
　　　2．この表には，南極大陸の地下水は含まれていない。

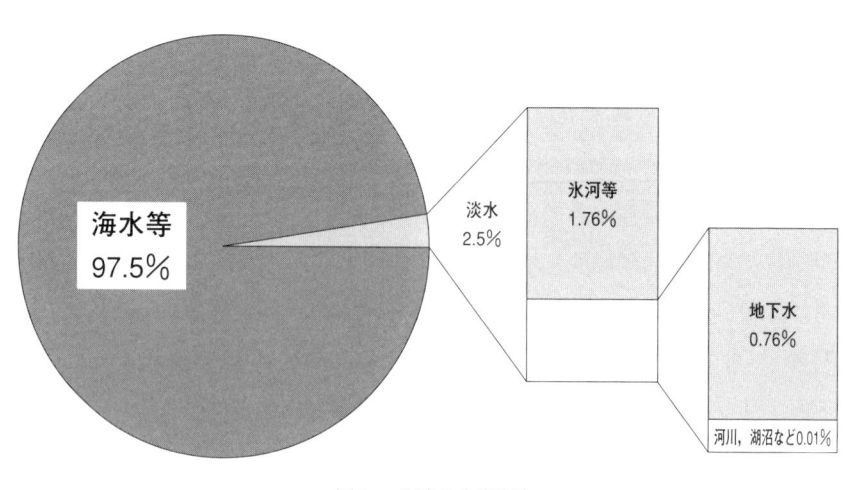

図1　地球の水資源[1]

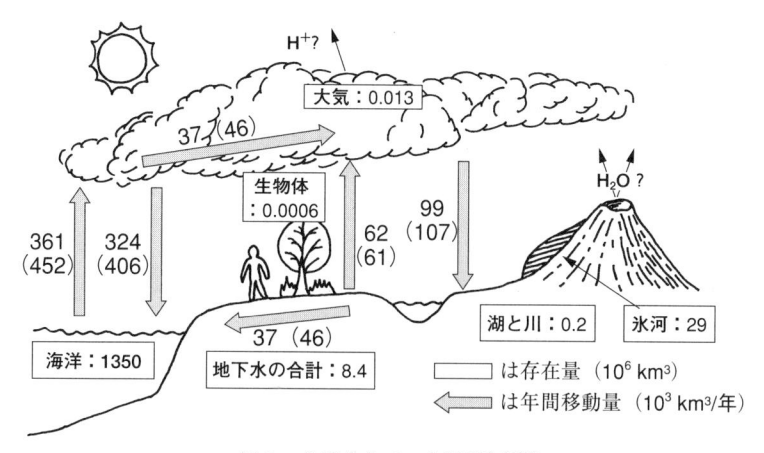

図2　地球全体での水循環[3] を改変
（注）年間移動量のうち（　）の数字は霜田ほか（1984）による[4]

「蒸発」として，大気中へ戻る分のほうが多い。この余剰分が大気中を移動して，陸上の降水に加えられる。すなわち，陸上の余剰分は海へ流出し，海洋の余剰分は大気中を移動して陸上にもたらされ，全体の収支が釣り合うと考えられている。ただし，それらの具体的な値は研究者によってばらつきがあり，ここに示したものはその一例である。

大気中の水蒸気の量（$13 \times 10^3 \mathrm{km}^3$）を，地球の表面積（$5.1 \times 10^8 \mathrm{km}^2$）で割ると，

$$13 \times 10^3 \mathrm{km}^3 / 5.1 \times 10^8 \mathrm{km}^2 = 2.5 \times 10^{-5} \mathrm{km}$$

となる。これは，体積を面積で割ったものなので，高さ（水深）をあらわし，25 mm（雨量）という意味である。つまり，大気中の水蒸気がすべて雨になって地球の表面にまんべんなく降ると，雨量25 mmとなる，という意味である。

地球上に1年間に降る雨の量の平均値は，約1130 mm（陸地で約800 mm，海洋で約1270 mm）なので，上に述べた25 mmの雨の約45回分となる。実際の雨の降り方は不均等であるが，大気中の水蒸気は1年間に45回も，雨になっ

表2 水循環の速さ[4) 5) 6)]より編集

種類	入れ替わりに要する時間
大気中	8〜10日
河川	13〜16日
地下水	830〜1400年
海	2500〜3200年

て入れ替わっている計算になる。すなわち平均8日で入れ替わっていることになる。

同じように，1年間の水の移動から計算すると，地球上の河川水は平均2週間で入れ替えられるが，地下水の入れ替えには約1000年かかり，海の水がすべて入れ替えられるには2500〜3000年が必要となる（表2）。

資源としての水

生命維持のための最低限の水に加えて，人間は生産活動においてもさまざまな形で水を利用している。このような水は「水資源」と呼ばれる。

人間が利用する水は，淡水のうちの河川水や地下水など「移動している水」がほとんどである。河川水や地下水の供給を支えているのは陸上に降る降水であり，そこから蒸発量を差し引いた残り約4万7000 km^3（47兆トン）が人間の使える資源としての水の量といわれる。このように，水は代表的な「再生可能資源」でもある。

資源としての水の用途は，生活用水，農業用水，工業用水，その他に大きく区分される。生活用水は家庭で洗濯，炊事，風呂，トイレなどで使われる。農業用水は世界の水使用量の最大の割合を占める。工業用水は原料のほか，洗浄・冷却などに使われる。「その他」の用途には発電用や養魚，融雪用などがある。

生活用水として，我々はどのくらいの水を使っているだろうか。生命維持のために必要な水は，成人の場合，1日約2.5 ℓとされる。これは，成人が1日に排出する水の量の約2.5 ℓ（尿1.5 ℓ，汗0.5 ℓ，呼吸0.5 ℓ）を補うためである。しかし，我々が使う水はこれにとどまらない。

『日本の水資源（水資源白書）』によれば，日本で消費される生活用水は近年増え続け，1997年には1人1日あたり324 ℓとなった（図3）。また，東京都

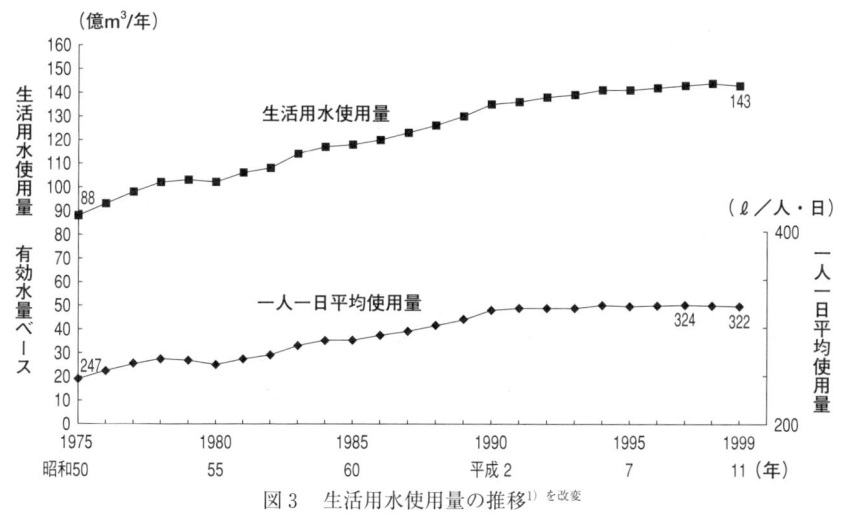

図3 生活用水使用量の推移[1] を改変

(注) 国土交通省水資源部調べ

水道局によれば、生活用水の使用内訳は洗濯20%、炊事22%、トイレ24%、風呂26%、洗面その他8%であり、現代の我々の生活スタイルを反映した消費量ということができる（図4）。

一方、世界の平均値は1人1日あたり174 ℓ（1995）であり、日本の値の約半分である。地域別では北アメリカでは1日あたり425 ℓ、アフリカでは1日あたり63 ℓというように差が大きい（表3）。アフリカの値が63 ℓともっとも低いが、アフリカでは人口の7割が1日40 ℓ以下との指摘もある。1日40 ℓの生活はどのようなものであろうか。ちなみに、国連の統計では「水の適切な供給」という場合、自宅から200 m以内に共同水道があることを指す。各家庭に水道の蛇口があり、蛇口をひねればそのまま飲める水やお湯がふんだんに使える生

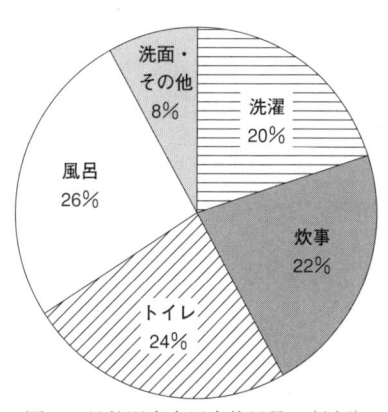

図4 目的別家庭用水使用量の割合[1]
(注) 東京都水道局調べ（平成9年度）

4 地球システムと水

表3 1人あたり生活用水使用量（1995年[4]）

地域	使用量 (単位 ℓ／人・日)
ヨーロッパ	280
北アメリカ	425
アフリカ	63
アジア	132
南アメリカ	274
オセアニア	305
世界	174

活とはほど遠い。

世界の水利用

 世界の水資源量は前に示したように約4万7000 km^3（47兆トン）といわれるが，実際の年間使用量（取水量）をみると，1950年では1359 km^3（約1.4兆トン）であったが，1995年は3572 km^3（約3.6兆トン）と，半世紀で約2.5倍に増加した。この間の世界の人口が1950年の約25億人から1995年の約56億人へ増えたためと，経済成長などの結果，生活用水や工業用水の消費が増えたためである。

 次に，世界の水使用量の内訳をみてみると，1990年には農業用水が約70%，工業用水が約20%，生活用水約10%の割合であり，水の利用は圧倒的に農業用が多いことがわかる（図5）。しかし，工業用水・都市用水は今後も途上国地域を中心にいっそう増えることが予想される。

 次に，水の使用量とその内訳を地域別にみてみると，アジアが全体の約6割の58.4%，次に北アメリカが18.3%，ヨーロッパが13.9%，アフリカ4.5%，南アメリカ4.2%と続く。北アメリカの人口は世界の8%を占めるにすぎないが，水の使用量では世界全体の2割近くを占めている（図6a）。

 地域ごとの使用内訳では，ヨーロッパでは工業用水が45.9%を占め，北アメリカでも40.8%と世界の平均の2倍以上である。これに対し，アフリカでは83.2%，アジアでは83.5%が農業用水によって占められ，水の使い方に地域差が認められる（図6b）。

図5　世界の水使用量[7]

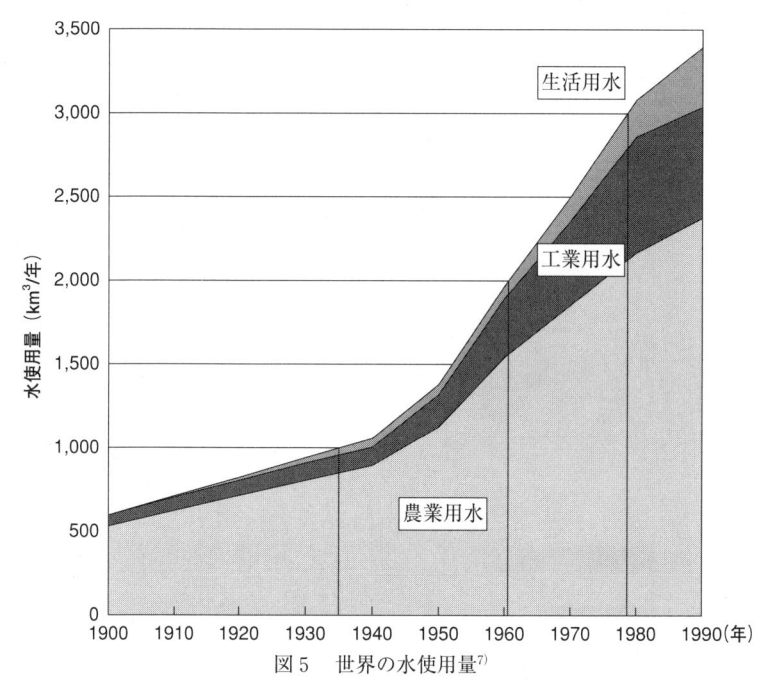

(注) Shiklomanov, 1996, *Assessment of Water Resources and Water Availability in the World* (WMO) による。

日本の水利用

日本国内における水の利用について，平成14年度の『水資源白書』からみてみよう。1999年の水利用の総量は1年間で877億m^3であった。使用内訳は農業用水が66%，工業用水が15.4%，生活用水が18.7%である。日本では水利用の総量は最近25年間でほぼ横ばいであるが，近年は生活用水の占める割合が増加している（図7）。

生活用水は，家庭で使用する炊事・洗濯・風呂・トイレ等のほかに，デパートやホテル，飲食店などの営業用水や事業所用水，公共用水なども含んでいる。1人1日あたりの生活用水使用量は，1975年の1人1日247 ℓから1997年の324 ℓへと増加した（図3）。

工業用水の使用量は，高度経済成長に伴い，1965年の179億m^3から1980

a. 地域別水使用割合

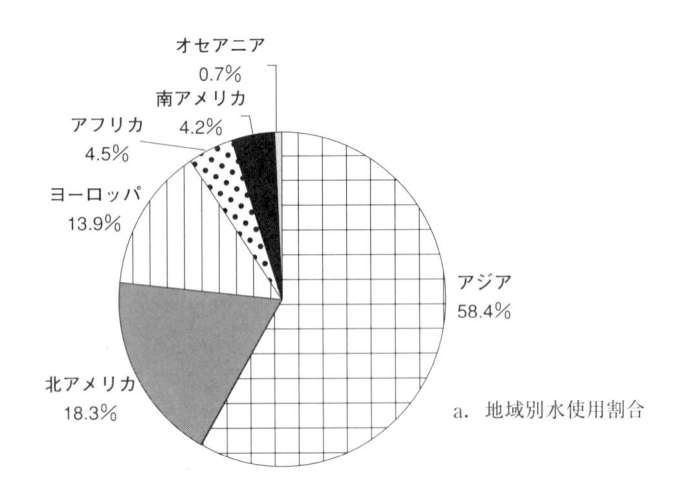

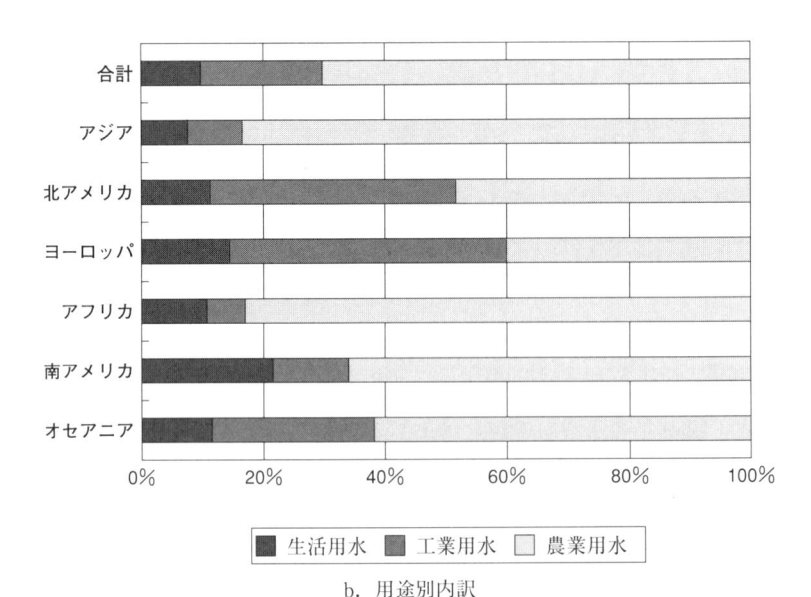

b. 用途別内訳

図6 地域別水使用割合 (a) と内訳 (b)[4] より作成 いずれも1995年現在。

年の507億m^{3}まで急増したが,その後はほぼ横ばいとなっている。実際の水の補給量は,1973年の155億m^{3}を最高に,それ以降は減少している。これは,工業用水の回収率が70%以上に達したためで,2000年における回収率は

図7　全国の水使用量[1]を改変

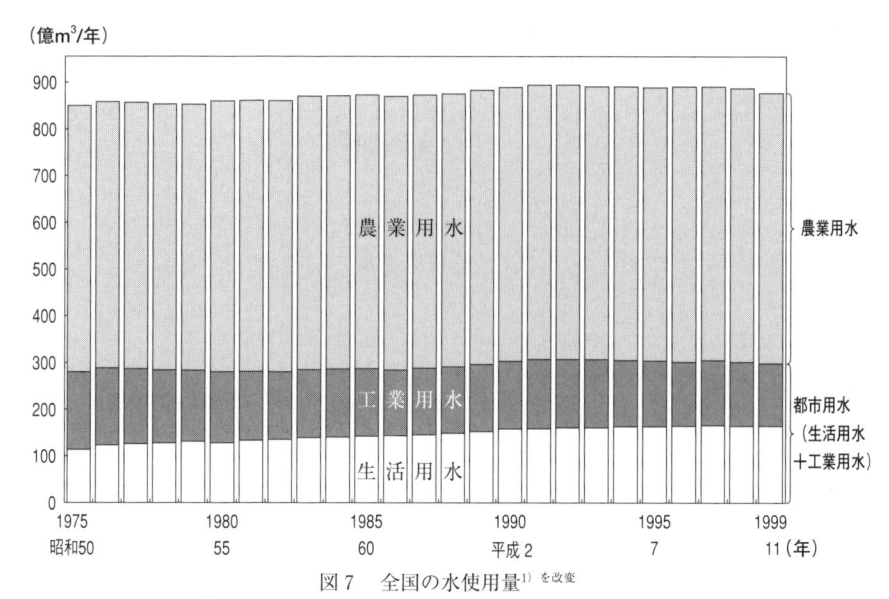

(注) 1. 国土交通省水資源部の推計による取水量ベースの値である。
　　 2. 工業用水は淡水補給量である。ただし，公益事業において使用された水は含まない。
　　 3. 生活用水，工業用水は推計方法の変更を行ったため，平成10年版白書の数字とは異なっている。
　　 4. 農業用水については，昭和56〜57年値は55年の推計値を，59〜63年値は58年の推計値を，平成2〜5年値は元年の推計値を用いている。また，平成7年より推計方法の変更を行った。

78.6%と過去最高となった（図8）。

　農業用水には水田灌漑，畑地灌漑，畜産用水などがあり，畑地灌漑用水は増加傾向にあるものの，1999年では全体の約94%を水田灌漑用水が占める。農業用水の使用量を厳密に測定することは困難であり，作付面積や水利施設の利用状況などから推定されている。全国の水田の作付面積は減少しているが（図9），農業用水の使用量はほとんど変わらない（図7）。これは用水路の水位を保つため，あるいは水利権が確保されていることなどによるものと考えられる。

水 の 値 段

　毎日の生活に欠かせない水の値段はどのくらいなのだろうか。
　近年，ファッションとして定着したペットボトルに詰めて売られる外国産の

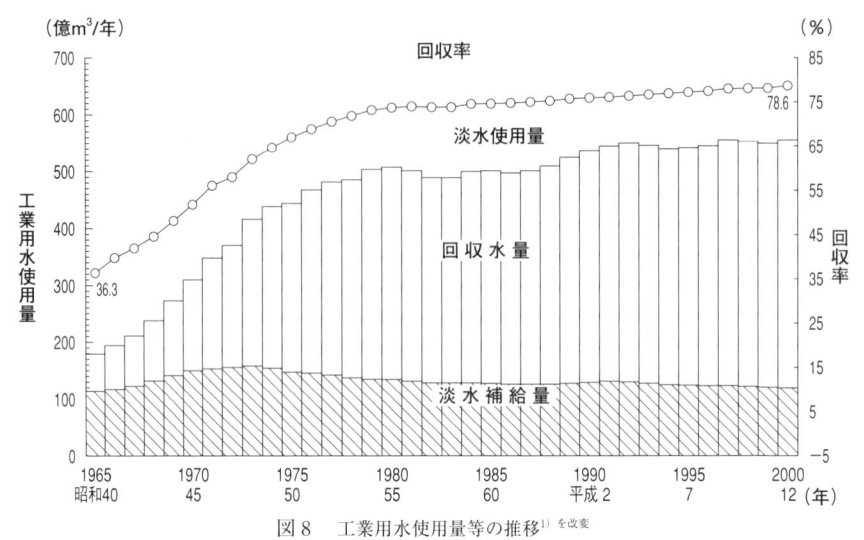

図8 工業用水使用量等の推移[1] を改変

(注) 1. 経済産業省「工業統計表」による。
2. 従業者30人以上の事業所についての数値である。
3. 公益事業において使用された水量等は含まない。
4. 工業統計表では,日量で公表されているため,日量に365を乗じたものを年量とした。

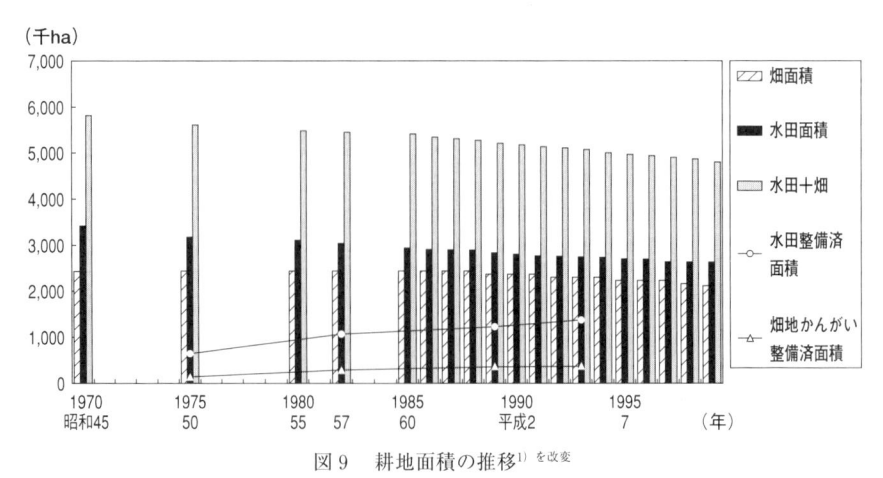

図9 耕地面積の推移[1] を改変

(注) 1. 水田,畑面積は「耕地及び作付面積統計」(農林水産省)の田,畑面積とした。
2. 水田整備済面積,畑地かんがい施設整備済み面積は「土地利用基盤整備基本調査」(農林水産省)等からの推計。

ミネラルウォーター（水を外国から輸入して飲んでいるのは高橋　裕によれば一種の流行，ブームである）[8]は，500 mℓ で 120 円，1 ℓ 約 200 円とすると，牛乳と同じくらい，ガソリンの 2 倍の値段である。しかも膨大な量のペットボトルの処理に要する費用とエネルギーはこの価格には含まれていない。

最近の水道の水はおいしくないのでペットボトルの水が売れているのであろうが，安全性という面から言えば，日本の水道水はそのまま飲める世界でもトップクラスの安全な水である。家庭で使う水道の水の量と値段を，水道料金の請求書から求めてみよう。

水道は自治体などの作る水道事業の独立採算制となっており，事業体ごとに差があるが，1999 年の全国平均では 10 m^3 あたり 1428 円である。つまり，1 m^3 あたり約 143 円となり，ペットボトルの水の 1000 分の 1 以下である。東京 23 区を例に挙げると，口径 13 mm（水道管の直径）の場合 10 m^3 で 1932 円となる（2003 年現在）。

家庭用の 20 m^3 あたりの水道料金を比較すると，東京 23 区の場合は口径 13 mm（水道管の直径）の場合 20 m^3 までは 1932 円（2003 年現在）であるが，人口 10 万人以上の事業体では 2000 円以上のところが一番多く，なかには 4000 円以上のところもある。

次に，工業用水の値段をみてみると，1 m^3 あたりの全国平均価格は 24.43 円（2001 年度）で，これは 1972 年度 5.02 円/m^3，1992 年度 18.90 円/m^3，というように上昇してきた（図 10）。

農業用水の場合は，使用量に応じた料金システムが設定されているわけではなく，使用量自体も前に述べたように推定であるが，農家の水利負担額から参考までに求めてみる。水利負担額は全国平均で 10a（アール）あたり 7619 円（1999 年）である。これを 1ha あたりとすると 7 万 6190 円となる。一方，1999 年の水田灌漑用水の使用量は 546 億 m^3，水田作付面積は 266 万 ha なので，水田 1 ha あたりの水の使用量は，年間 2 万 526 m^3 となる。1 ha あたり 2 万 526 m^3 の水に 7 万 6190 円の負担なので，1 m^3 あたり約 3.7 円となる。

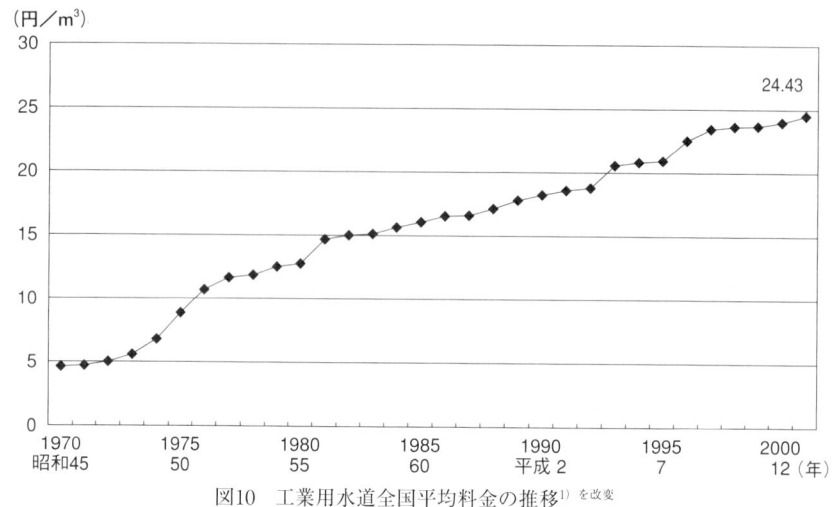

図10 工業用水道全国平均料金の推移[1] を改変

(注) 1. 経済産業省調べ
2. 平均料金の算出方法は、施設の能力を重みとした基本料金の加重平均である。
3. 平均料金は、各年度末現在の値である。

以上のように、単純な比較であるが、1m³ あたりの水の値段は、ペットボトルの水が約20万円、家庭の水道が約143円、工業用水が約24円、農業用水が約4円となる。水の値段もさまざまである。　　　　　　　　　　　(久保)

2　多すぎる水‥‥モンスーンアジアの洪水

地球上の水あるいは水資源は分布に地域差が大きく、さらに多すぎたり少なすぎたりして人間社会にも影響を与えている。本節では多すぎる水によって起こる自然災害について紹介する。

水資源の源としての雨

地上にもたらされる水資源の源は、天から降ってくる雨である。雨の降り方のちがいは、水資源の偏在のもっとも大きな要因である。図11は1年間に降る雨の量の分布を示したものである。1年間に降る雨の量は、ふつうmm（水

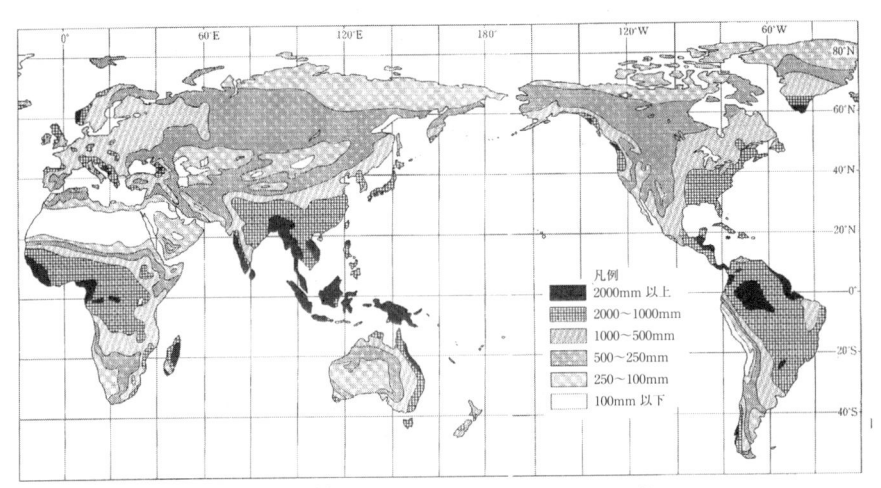

図11 世界の年降水量分布（三上岳彦による）[9]

深）であらわす。図11をみると，赤道周辺地域に年降水量2000 mm（2 m）以上の地域が広く分布し，一方北アフリカやユーラシア大陸内部には年降水量100 mm（10 cm）以下の砂漠（沙漠）地域が広がっている。

　世界の平均雨量は一年間で約1130 mmとされるが，海での雨量のほうが多く1270 mm，陸地では800 mmとの数字がある。これと比べると，日本列島は1000～2000 mmのところが広く，陸地の平均の2倍以上の雨が降る「湿潤地域」ということができる。

　日本全体の平均降水量は約1800 mmであるが，東京・横浜は約1500 mm，日本海側の金沢では2470 mm，札幌では1128 mm，多いところでは三重県の尾鷲で3922 mmである。アジアの代表的な都市の年降水量は，ホンコン（中国）2360 mm，バンコク（タイ）1530 mm，ニューデリー（インド）779 mm，テヘラン（イラン）219 mmなどである。ヨーロッパでは，ロンドン751 mm，パリ648 mm，ベルリン571 mmというように，日本の各地と比べると少ないところが多い。アフリカでは，カイロ（エジプト）27 mm，アジスアベバ（エチオピア）1179 mm，ケープタウン（南アフリカ）539 mmなどである。アメリ

カでは，ニューヨーク1123mm，サンフランシスコ501mm，リオデジャネイロ（ブラジル）1169mmなど，オセアニアでは，シドニー（オーストラリア）1132mm，ウェリントン（ニュージーランド）1256mmなどである（理科年表[10]による）。

日本列島は世界の中緯度地域のなかでは特に雨の多い地域であり，ヒマラヤ山脈の南側から日本列島にかけては「モンスーンアジア」という特色のある地域となっている。世界でもっとも雨が多いといわれるインドのチェラプンジはヒマラヤの南麓に位置し，年降水量は1万449mmに達する（理科年表[10]による）。

1年間に降る雨の量のほかに，よく耳にするのは1時間あたりの雨量であろう。天気予報などで「強い雨」「弱い雨」などというときには，時間雨量あるいは連続雨量を用いている。傘をささなくてもよい程度の「小雨」は1時間あたり1mm未満，雷雨などでみられる「土砂降りの雨」というのは，1時間あたりにすると20〜30mmの雨ということになる。時間雨量100mmともなると「滝のような雨」などと形容される。また，強い雨が降り続き，連続雨量が150〜300mm程度に達すると，浸水や土砂崩れなどの災害が発生するようになる（表4）。

日本国内でこれまでに記録された大雨の例をみてみよう。1982年7月，長

表4　雨の降りかたと時間雨量（日本の場合）[11] より作成

雨の降りかた	時間雨量	備　考
小雨	1mm/h 未満	5mm/day
弱い雨	1〜3	
雨	3〜8	
やや強い雨	8〜15	雨音が聞こえる
強い雨	15〜20	話が聞き取りにくい
激しい雨	20〜30	土砂降り　50〜100mm/day
非常に激しい雨	30〜50	バケツをひっくり返したような
猛烈な雨	50＜	滝のよう（100mm/h＜）

崎市で 1 時間あたりの雨量が 187 mm を記録した。これが日本における時間雨量の最高値である。このときの「長崎豪雨災害」は 300 名以上の死者を出す大惨事となった。また 1952 年の徳島県福井においては，時間雨量 167 mm を記録し，これも大きな豪雨災害となった（表 5）。

表5　時間雨量／日雨量の最高記録[12]などによる

時間雨量の記録			日雨量の記録		
1982 年	長崎	187 mm/h	1976 年	徳島日早	1114 mm/day
1952 年	徳島福井	167	1957 年	長崎西郷	1109
1972 年	富士宮	153	1952 年	レユニオン	1870
				東京	393
				ロンドン	56
				パリ	51

1 日の雨量の日本最高記録は，1976 年 9 月の徳島県日早の 1114 mm である。日雨量の世界最高記録は，アフリカ，マダガスカルの東の仏領レユニオン島で 1952 年に記録された 1870 mm といわれるが，日本の記録も世界的にみて決して引けを取らない。一方，ヨーロッパのパリやロンドンなどでは，1 日の雨量が 50 mm を超えると「記録的豪雨」になってしまう。ロンドン大学の地理学の教授が夏に日本に来られたときに京都を案内したが，そのとき降った夕立の雨はすごかった，といつも言っておられた。

日本の河川と洪水

世界的にみても雨の多い日本列島は地形も険しく，降った雨は短く急勾配な河川に集中し，洪水が起きやすい。洪水とは河川や海の水が通常の水の流れる部分からあふれ出す現象であり，自然の営みとして繰り返されてきた自然現象である。しかし，険しい山地が多く，平地の少ない日本列島では，河川や海岸沿いの平野に人口や資産が集中しており，洪水による被害を受けやすい。また，洪水の時の水の集中が急激であり，洪水時には普段みられないような大量の水が流れ，たびたび平野にあふれ出す。日本の河川は暴れ川が多いといえる。

表6は日本の代表的な河川の流量を示したものである。河川の流量というのは，川の断面積と流速を掛け合わせた値で示され，「立方メートル毎秒（m^3/秒）」という単位が用いられるが，水の比重は1で1m^3の水の重さは1トンであるため，「トン毎秒」と呼ばれることもある。たとえば，利根川の栗橋における年平均流量は毎秒279m^3，あるいは毎秒279トンである，というように使われる。

表6　日本のおもな河川の流量　（理科年表）[10]

	年平均	最大	最小	観測期間
石狩川（石狩大橋）	561	4541	131	1954～99年
利根川（栗橋）	279	6608	59	1938～99
信濃川（小千谷）	527	3997	69	1951～99

（単位 m^3/秒）

表6には年間の平均流量のほかに，観測期間における最大と最小の値が示されている。利根川では梅雨末期や台風シーズンには1000m^3/秒以上の水が流れる一方，冬場の渇水期には100m^3/秒未満となり，最大流量と最小流量の差が非常に大きい。この比（最大流量/最小流量）が大きいほど「暴れ川」ということができる。日本の河川はとくにこの値が大きい。

利根川の最大流量は6608m^3/秒となっているが，観測史上最大の流量となったのは1947年9月のカスリーン台風の時の1万7000m^3/秒（推定値）である。このときは中流の栗橋付近で堤防が決壊し，洪水流が東京まで押しよせて大災害となった（図12）。1万7000m^3/秒という流量は，河川の規模からすれば，きわめて大きいといえる（たとえば東南アジアのメコン川の洪水時の流量4万～5万m^3/秒，アマゾン川河口の流量平均20万m^3/秒）。

1947年のカスリーン台風水害以降，利根川の治水対策はたえずおこなわれてきた。その結果，上流部には多くのダムができ，中流部には遊水地や堤防が整備されてきた。それでは利根川は完全に水害を防止することができたのだろうか。答えは残念ながら「ノー」である。洪水のときの川は，河道からあふれ

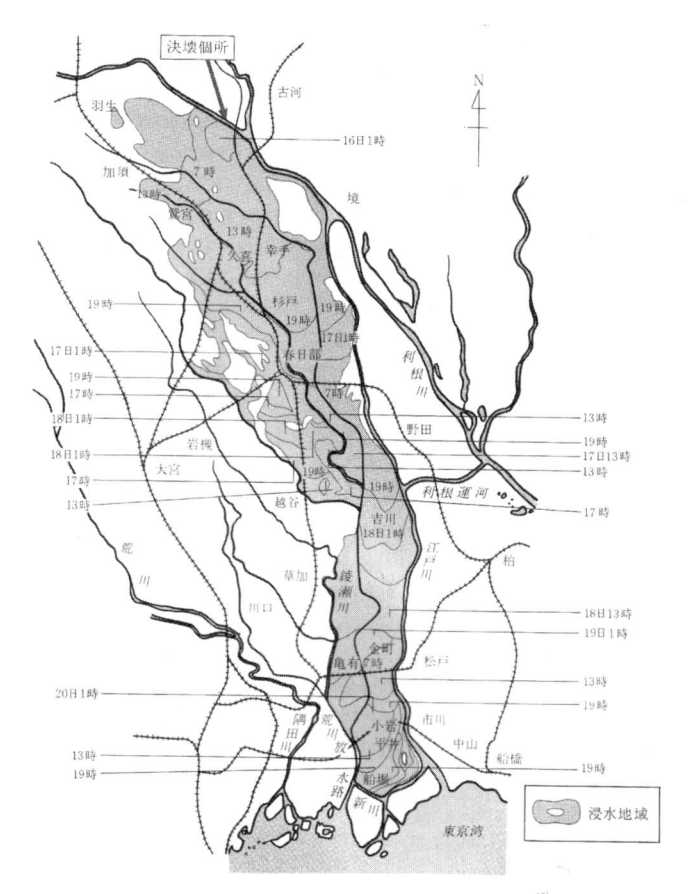

図12　利根川堤防の決壊による浸水進路図[13]

て平野に広がるのが本来の姿であったし，平野に水田地帯がひろがるところでは，大洪水のときにあふれた水を水田が貯留する働きがあった。しかし，平野に人口が集中して都市が拡大すると，人間の生活と資産を守るため，河道から水があふれないようなさまざまの対策がおこなわれてきた。このために中小規模の洪水はあふれないようにすることができたが，現時点においても，カスリーン台風クラスの最大規模の洪水にはまだ対策が十分ではない。そもそも河道から一滴も水を漏らさない，という基本方針は，雨の降り方が激しく，洪水の出方が鋭く，巨大な洪水流量を持つ日本の河川に適した方法だったのであろう

4　地球システムと水

か？

　1997年にそれまでの河川管理の方針を決めていた「河川法」が改正され，河川事業には治水（洪水対策）と利水（水資源開発）だけではなく，河川本来の姿を取りもどす「河川環境の整備」も盛り込まれることになった。河川本来の姿である「洪水」とは，今後どのようにつきあえばいいのだろうか。

モンスーンアジアの洪水

　1980年代の後半以降，モンスーンアジアでは特に深刻な洪水災害が繰り返し発生している。モンスーンアジアは世界的に雨の多い地域であり，稲作農耕が広くおこなわれ，土地の高い生産力が巨大な人口を支えている。水に恵まれる反面，水害の危機にさらされた地域ということもできる。

　ヒマラヤ山脈に水源を持つガンジス川とブラマプトラジャムナ川が合流するところに位置するバングラデシュ（図13）は，国土の大部分が低平なデルタ地帯からなり，豊かな水田地帯が広がっている。しかし，日本の約3分の2の面積の国土に日本の人口を上回る1億3000万人が住み，ガンジス川やブラマプトラジャムナ川の洪水とベンガル湾のサイクロン（熱帯低気圧）が毎年のように襲う水害常習地帯でもある。

　1987年と1988年の2年連続の洪水，1991年のサイクロン災害，1998年の大水害などは特に大きな災害をもたらした。これらの災害復興のため，諸外国からはＯＤＡ（政府開発援助）やＮＧＯ（非政府機関）などのさまざまな支援がおこなわれている。筆者は日本政府のＯＤＡの一環として，1987年と1988年の洪水後におこなわれたバングラデシュ北西部の調査に参加した。バングラデシュは，モンスーンアジアという共通の自然条件ではあるが，河川や洪水の規模が日本とは比べものにならないほど大きいこと，また，急激な人口増加と自給農業を中心とした経済のもとで先進国との経済格差は広がる一方であり，自然災害と貧困の問題が大きな課題となっているということなどが強く感じられた。

　バングラデシュ北西部はガンジス川とブラマプトラジャムナ川に囲まれた地

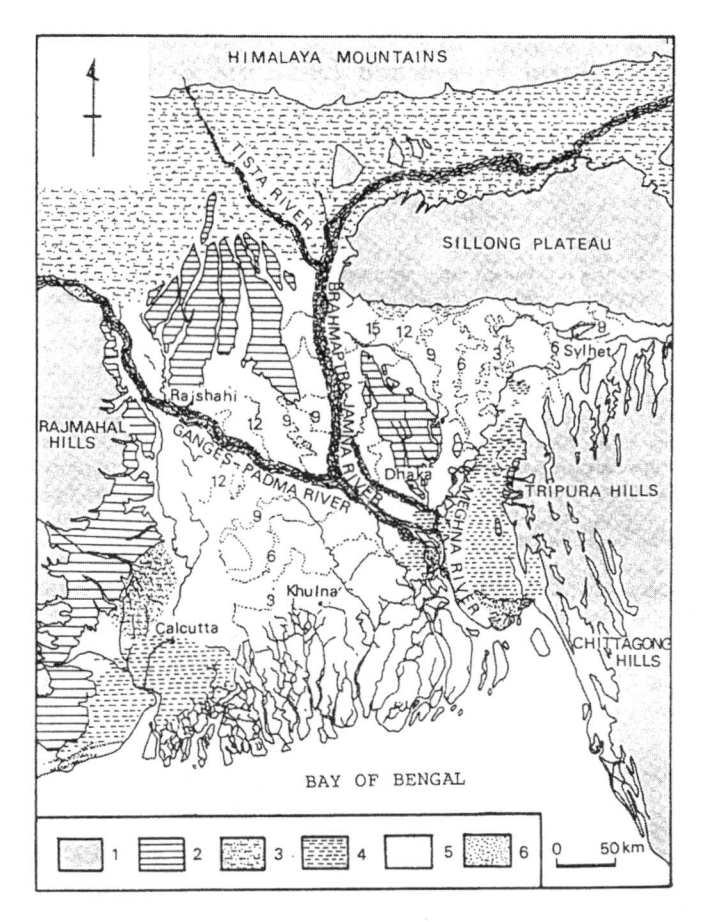

図13 バングラデシュの位置[14) に加筆]
1：山地・丘陵，2：更新世台地，3：扇状地，4：古期沖積面，5：新期沖積面，6：最新期沖積面

域で，中央部に低い台地があり，北部はヒマラヤの山麓から続く扇状地となっている（図14）。ガンジス川とブラマプトラジャムナ川では性質がやや異なっている。前者は河道が比較的安定しているが，後者は土砂の運搬量が多く河道は不安定で，洪水のたびに川の位置が動いている。ガンジス川周辺では水はけ

4 地球システムと水

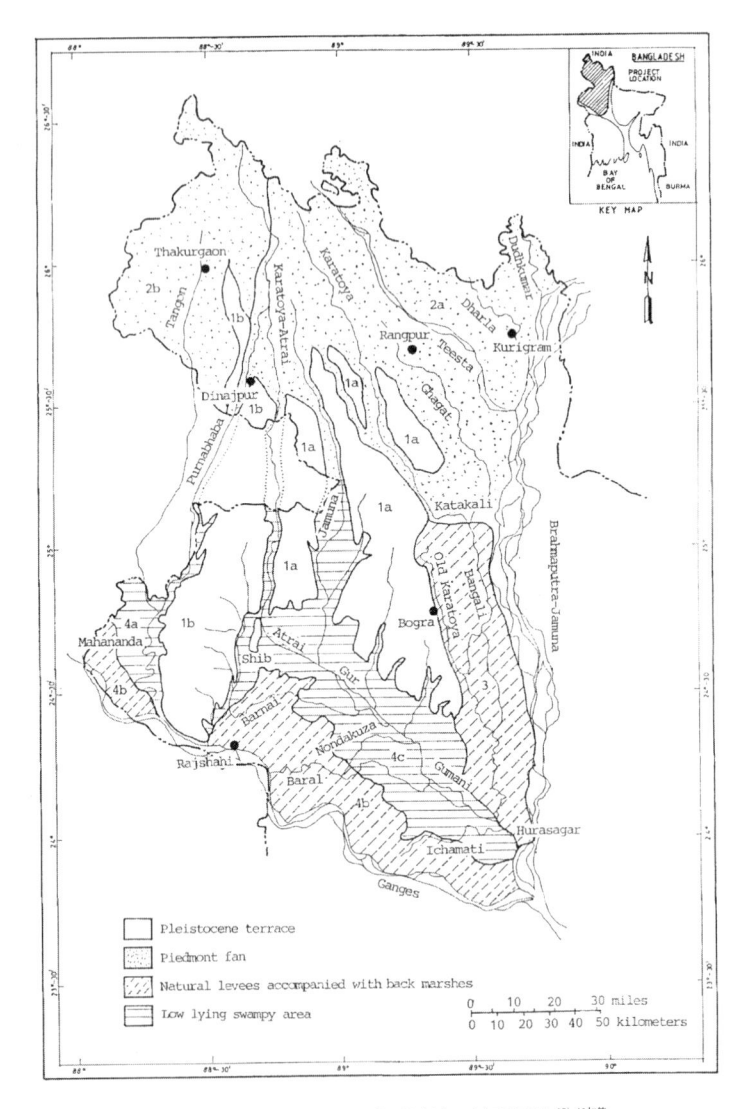

図14 バングラデシュ北西地域の地形区分[15]に加筆
 1. 台地（1a：東部, 1b：西部），
 2. ヒマラヤ山麓扇状地
 3. ブラマプトラジャムナ川沿い低地
 4. ガンジス川沿い低地（4a：マハナンダ川氾濫原, 4b：ガンジス川氾濫原, 4c：アトライ川下流低地）

の悪い「後背湿地」の排水問題，ブラマプトラジャムナ川では河川の移動による河岸侵食が大きな問題となっている。これらの二大河川を始め，周辺の中小河川も堤防がほとんどなく，毎年雨季になると広大な範囲が水浸しになる。

　日本の援助は，はじめこれらの河川の洪水対策として，大きな放水路の建設を計画した。しかし，放水路に水を流すためには，本流やその他の中小河川にも全部堤防をつくらなければならない。川を堤防で固める日本式の発想ではらちがあかないのである。

　ガンジス川やブラマプトラジャムナ川の洪水も，毎年繰り返される自然現象であり，河道から水があふれるのを堤防で完全にくい止めることは不可能である。そこで水があふれても被害が最小限になるような工夫をすること，たとえば集落のまわりだけ堤防で囲み，「輪中」をつくること，洪水のときの警報・避難対策を充実させること，道路や公共施設はまわりより少しでも高いところ（自然堤防など）につくること，などをすすめることが有効と思われた。そのためには，洪水の挙動や地形条件を詳しく調べ，モンスーンアジアの伝統的な生活の知恵を生かし，被害をおさえる計画に生かすことが大切であろう。

　さらに，今後の日本の治水計画を進めるために，モンスーンアジアから学ぶべきこともあるのではないだろうか。　　　　　　　　　　　　　　（久保）

3　足りない水‥‥アフリカ，サヘル地域の砂漠化

　モンスーンアジアでは多すぎる水が人々を苦しめているが，アフリカのサハラ砂漠南縁部では砂漠化が大きな脅威となっている。以下はアフリカのサヘル地域で砂漠化防止と農村支援をおこなっているＮＧＯ「緑のサヘル」の活動の報告である。

「砂漠化」とは？

　アフリカ・サハラ砂漠の南縁部は「サヘル地域」と呼ばれ，いま砂漠化に瀕

し，かつ飢餓ベルトともいわれる慢性的食糧不足地帯である（図15）。「サヘル」とはアラビア語で「岸辺」という意味で，かつてサハラ砂漠をラクダのキャラバンを組んで旅した人々が，砂漠の海を越えて緑の見え始める一帯を岸辺に見立てたのである。サヘル地域の年間降水量は 100 〜 500 mm 程度である。一般的に穀物の栽培限界降水量は 350 mm といわれる。サヘル地域は砂に覆われた砂漠ではなく，農耕や牧畜がおこなわれ，人々が暮らす地域である。

　大地を覆っている植生が劣化すると，表土はわずかな降雨や季節風などにより流亡，飛散し，やがて石ころや砂だけが残る。また植生が劣化すると降雨量も減少するため，なおさら土壌を悪化させる。植生のない所には，動物はおろか微生物すら棲めなくなる。このような悪循環を繰り返して砂漠化は進み，大地は不毛化してゆくことになる。つまり，「砂漠化」は砂漠に起きているのではなく，緑に覆われていた土地が不毛化して砂漠のようになってしまう現象をさす。

　砂漠化は地球的規模での気候変動などの自然的要因が大きいが，近年の人口

図15　チャド共和国位置図[16] に加筆

増加とそれに伴う家畜の過剰放牧（過放牧），過剰耕作，薪炭木の伐採などにより，緑の成育を上まわるスピードで人間や動物が消費してしまうことにも起因する。

今日，砂漠化の全世界的な進行は止まるところを知らず，現在もなお多くの人々を苦しめている。なかでもサヘル地域は砂漠化のもっとも深刻な地域といわれており，植生の減退や土地の劣化が著しく，飢餓や難民の発生，人口の都市集中，犯罪の多発などさまざまな問題が引き起こされている。

「緑のサヘル」は1991年3月の設立以来，一貫してアフリカ・サヘル地域の砂漠化防止と食糧自給をめざして活動を続けてきた。「緑のサヘル」はサハラ砂漠南縁部・サヘル地域のチャド共和国と西方のブルキナファソの両国において，①積極的に緑を殖やす，②現存する緑を減らさない，③食糧の安定確保のための農業生産性向上，を3本柱に住民参加を基本としたプロジェクトを展開している。チャドには1992年以来，ブルキナファソには1996年以来，継続して，各種植林の活性化，植生保護，薪炭材の節約につながる改良カマドの普及，井戸掘削，農業技術指導，住民組織支援などの活動を展開している。

チャドにおける砂漠化とその要因

チャドはアフリカ中部の内陸国で（図16），面積は128万km^2と日本の約3倍であるが人口は約800万人（2001年）である。国土の北半分はサハラ砂漠で，中部がサヘル地域，南部はサバンナ地帯である。サヘル地域にはチャド湖という内陸湖があるが，近年は砂漠化により急速に縮小している。フランスの植民地から1960年に独立したが，軍部によるクーデターや内戦が続き政情は不安定である。また，旱魃などのため経済は長らく崩壊状態にあり，国民1人あたり総所得は約200ドル（2001年）と世界の最貧国に属する。

サハラ砂漠は過去において，湿潤であった時期も，現在よりもさらに乾燥していた時期もあったことが知られている。それに対応してチャド湖の面積も増減を繰り返してきた[17]。それらは自然的要因によるものであったが，近年サヘ

図16 チャド共和国全図[16]に加筆

ル地域で進行している砂漠化は人的要因によるところが大であるといわれている。

砂漠化の人的要因としては，①過放牧，②焼畑などの過剰耕作，③薪炭木のためなどの燃料木伐採などが考えられる。以下チャドにおける具体例をあげる[18]。

①過放牧

チャドにおける家畜飼養は馬，牛，羊，山羊など，人口1人あたり約2頭の割合となる。特に羊と山羊の肉は，サヘル地域において主食ともいえる食料で，毎日の食卓には欠かせない。

首都のンジャメナ北部に行くと，草木もまばらな村々で，人間の数の数倍の羊と山羊の群が放牧されているのに出会う。羊や山羊は高さ2mほどの低木や草はもちろん，地中の根や種子まで食べてしまうので，植生劣化の一大要因と

いわれている（図17）。

チャド湖北部の町マオ近くの村で，植林に取り組んでいるＦＡＯ（国連食料農業機関）の職員が，実験的に金網で土地を囲っている所があった。家畜が侵入できないそのなかだけ，草木がよくのびており，その周りには草木のない砂丘が拡がっていた。家畜が脆弱な植生に与える影響を目のあたりにした。前述した通り，羊，山羊，牛はサヘル地域では重要な食糧資源であり，伝統文化である食生活まで変えるのは容易なことではない。またサヘル地域において家畜はもっとも重要な財産であり，これを殖やすことに人々は心血を注ぐ。その結果，家畜が増えて植生が悪化し，人も家畜も土地を追われるという悪循環が繰り返される。食生活という文化に根ざしたことが根本原因となっているため，対策は困難をきわめ，解決策はみつかっていない。

図17　家畜による食害

②**過剰耕作**

チャドの人口の約8割が農業に従事している。国土の大半が砂漠に覆われていて，耕地は南部のわずかな土地に片寄っている。1972年〜87年の15年間で，123万haの森林面積が減少し，耕地面積は30万5000ha増加している。自然林の多くも焼畑の後の二次再生林で，低木の森である。

農民は伝統的な焼畑をしており，1ヶ所で2〜3年耕作しては別のところに火をいれて耕作するというのを繰り返す（図18）。このやり方だと最初の土地に戻ってくる10〜20年の間に地力が回復し，かつては持続可能であっ

図18　焼畑

4　地球システムと水

た。しかし近年では，人口増加にともなって休耕期間も短くなっているという。休耕期間が短縮され，土地養分が復元する前に，またそこを耕作してしまう結果，土地がだんだん痩せてしまう。

　チャドにおける最大の換金作物は綿花である。これは植民地時代に宗主国フランスの一方的政策によるもので，独立後も主要輸出品として奨励されている。しかし，連作障害による土壌劣化を招き，1970年代後半には生産が減少した。産地を南部に移すことによって近年増産傾向にあるが，綿畑のために広大な森林が切り拓かれている。チャド南部の昔を知る人は森が減少してしまったと口をそろえて言う。

　焼畑や過剰耕作による森林破壊は，人口圧力と貧困に根ざしている。農業改善による自給の達成と複数の換金作物の導入，さらに森林保全のための植林をからめる「アグロフォレストリー」が有効であると考えられる。

③薪炭材のためなどの森林の伐採

　チャドにおいて燃料材としては圧倒的に薪が使われている（図19）。近年森林破壊が問題になるにつれて，ガスの導入なども考えられてはいるが，高価なため普及率は極端に低い。首都ンジャメナには毎日薪炭材を満載したトラックが多数入ってくる。シャリ川をいかだで下ってくる材木も少なくない。30年前，ンジャメナの南はうっそうと茂る森林だったというが，今では一部に二次再生林を残すのみとなっている。

図19　薪の採集

　薪炭材は住民の生活にとって必要最低限のものであって，生きるためには木を切るしかない。対策として，改良カマドの普及による薪炭材の効率のよい使用，ガスなどの代替燃料の安価な供給，太陽エネルギー利用などが考えられ，実際に試みられているのもあるが，成果はすぐには現れていない。

チャドにおける緑のサヘルの活動

　1992年2月，チャド共和国シャリ・バギルミ州ブッソ県バイリ郡バイリ村において，林業・農業・適正技術の3部門の活動がスタート，同年11月より農民組合支援，1993年4月には淡水魚養殖の2部門を加え現在に至っている。また1993年5月には農民組合支援の活動を同州マサコリ県カラル郡トゥルバ村に拡大している。

　プロジェクトの拠点となっているバイリ村は首都ンジャメナから南へ約300 km，北緯10.5度に位置し，年間降水量は600〜1000 mm，サヘルからサバンナへの移行地帯（スーダンサヘル）となっている。かつては密林に覆われていたが，植民地時代に綿花栽培のため多くの森林を伐採，現在は焼畑の二次再生サバンナ疎林が目立っている。人口は，バイリ村で6372人，バイリ郡では126ヶ村，3万7336人となっている。

　また農民組合支援部門のサテライト，トゥルバ村はンジャメナの北東約120 km，北緯13度に位置し，年間降水量は200〜500 mm，サヘル地域の砂漠化最前線にあり，全体にアカシア疎林が目立っている。1958年まではチャド湖岸の村であったが，その後のチャド湖の縮小のため，現在は湖岸から約40 km離れてしまっている。人口は1万3107人，村の周囲には31の集落が点在している（人口，村数はいずれも1996年現在）。

① 「緑を減らさない」

　アフリカでは多くの地域が「三石カマド」と呼ばれるカマドを使っている。これは3つ石をならべて，上に釜をのせるというもので，非常に簡単でどこでもでき，虫よけや明かりにもなる。しかし，熱効率が低く多くの薪を消費する。そこで，金属製や粘土製の「改良カマド」を試作・普及させた（図20）。改良カマドはここ数年金属製タイプが主力となっているが，その燃焼効率のよさが住民間で徐々に評判となり，現在では活動対象となっている村落以外からの希望も目立つようになってきた。

②緑を殖やす

村の人たちと一緒に苗木作りや植林活動をおこなっている（図21）。バイリ，トゥルバ両地域の住民にとって，育苗や植林は既に日常生活の一部になりつつあり，その目的や計画も以前とは比較にならないほど明確になった。

図20　改良カマド

マメ科のアカシア・セネガルは降水量 300 mm ～ 500 mm の所に育ち，また，根粒菌により土地を肥やしてくれるなど，生態的にみても非常に適している。さらに，アラビアゴムがとれ，現金収入につながるため，住民にとってもよい刺激となり，結果的には緑が復元している。

図21　植林活動

耕地内へ植林することで，農業，林業，牧畜業の3つの部門で土地を有効活用する，アグロフォレストリーの試みも進めている。

③持続可能な農業，生活基盤の整備

この地域では，ソルガムとミレット（雑穀）を主食にしている。さまざまな試験栽培や調査の結果，大豆と米の栽培普及が地域の食糧増産にもっとも有効との結論を得，普及を進めている。果樹栽培も定着しつつある。

このほか，住民組織を強化するために共同耕作と共同出荷を奨励し，住民組合の組織運営に関する講習会，組合運営の先進地域への派遣研修，女性組合を対象とした指導，女性の自立支援，魚の養殖や井戸掘りなどをおこなっている。

2000年度は降雨不順に加えて鳥・虫害が大規模に発生し，チャド全土で穀物収穫が壊滅的となった。バイリ地域では7月に数村の住民が飢餓状態となり，緊急補助給食活動を開始した。12村に設置した配給所を拠点として，周辺35

村に暮らす子どもや高齢者等の体力的弱者5500人を対象にブイ（現地式お粥）を配給し，最終的に犠牲者が皆無という最良の結果となった。

今日，砂漠化だけでなく地球規模の環境問題が顕在化してきている。熱帯雨林の喪失，大気汚染，異常気象による災害などの多くは，私たち人間がひきおこしているものである。

自然と人間が調和していたかつての時代と比べ，便利さを追求し経済優先，大量消費時代の現代は，何万年，何億年という年月をかけて蓄積された過去の遺産を喰いつぶしている時代ともいえる。そして私たちは再生不能な破壊を引き起こし，その代償を将来に課しつつある。

図22 村の子ども

今こそこうした事態を深刻に受けとめ，かけがえのない地球の限りある資源と豊かな環境を，次の世代に引き継いでいかなくてはならないと考える。

(高橋)

＜参考文献＞
1) 国土交通省土地・水資源局水資源部編（2002）：『日本の水資源 平成14年度版』，財務省印刷局
2) 荒巻 孚・高山茂美編（1991）：『地球環境へのアプローチ 自然地理学入門』，原書房
3) A. L. ブルーム／櫃根 勇訳（1970）：『地形学入門』，共立出版
4) 国土庁長官官房水資源部編『日本の水資源』（水資源白書），平成11年版
5) 櫃根 勇（1980）：『水文学』，大明堂
6) 大森博雄（1993）：『水は地球の命づな』，岩波書店
7) (財) 日本農業土木総合研究所編『「水土の知」を語る Vol. 3』
8) 高橋 裕（2003）：『地球の水が危ない』，岩波新書
9) 斎藤 功・野上道男・三上岳彦編（1990）：『環境と生態』，古今書院
10) 国立天文台編（2001）：『理科年表 平成14年』，丸善

11) 土木学会関西支部編（1989）:『水のなんでも小事典　飲み水から地球の水まで』, 講談社ブルーバックス
12) 高橋　裕（1990）:『河川工学』, 東京大学出版会
13) 阪口　豊・高橋裕・大森博雄（1986）:『日本の川』, 岩波書店
14) Umitsu, M. (1985): Natural Levees and Landform Evolution in the Bengal lowland. *Geographical Review of Japan*, 58B: 149-164.
15) 久保純子（1993）: バングラデシュ北西部の地形・洪水特性からみた水害対策計画の問題点, 地学雑誌 102: 50-59.
16) 緑のサヘル（2002）:『緑のサヘル 2001 年度年次報告書』
17) 門村　浩・武内和彦・大森博雄・田村俊和（1991）:『環境変動と地球砂漠化』, 朝倉書店
18) 緑のサヘル（1991）:『チャド農林業開発調査報告書』
「緑のサヘル」ホームページ　http://www.jca.apc.org/~sahel/

5 鉱物資源の生成

円城寺 守

1 いろいろな資源

資源の種類

人間生活に資する源になるすべてのものが資源である。「もの」は物であることが多いが，力であることもあり，概念であることもある。

エネルギー資源は，人間生活にかかるすべてのエネルギーを生み出す源になるものである。暖房と炊事のための草や木に始まり，石炭が蒸気をつくり，石油や天然ガスが車を走らせ航空機を飛ばしてきた。これらの資源は大いに用いられて，産業を興し，人類の生活を豊かなものにしてきたが，現在では，その偏在，枯渇，公害の問題が極めて深刻なものとなっている。最近になって，海洋の大陸斜面などの海底面下の堆積物中に，新しいタイプのエネルギー資源が発見された。これはメタンなどの天然ガスが水分子の格子状構造中に閉じ込められたガスハイドレートの形で存在しているものである。埋蔵量は地上の天然ガスの埋蔵量の数10倍以上と推定されている。しかもメタンガスは排出 CO_2 量が少なく，将来の有効な天然ガス資源として有望視されている。

水力エネルギーも，水車からダムまで，これまでに大いに利用されてきた。風力エネルギーは少しずつ軌道に乗りつつある。地熱エネルギーは火山活動とも大いに関係している。わが国ではとくに有望なエネルギー資源の1つであるが，その多くが国立公園地域内にあり，環境の保全とも関係した問題点があっ

て，まだ十分には活用されていない。多くの点からみて，太陽エネルギーは恐らく最良のエネルギーであり，その効率的な利用が大いに期待されている。海洋の波浪，潮汐，温度差などを利用したエネルギーも今後が期待されている。これらはいずれも物質のもつ様々なエネルギー（力）を熱や電気などのエネルギーに変換して用いている。台風や地震などの災害を及ぼす自然の営力は大層大きく，これを変換できれば，ほぼ無尽蔵のエネルギーを得られることになる…のだが…。

人的資源は，ある意味で最も重要な資源であろう。すなわち，その他の資源を発見したり開発したりするのも人であり，資源の量や配分を制御するのも人だからである。有能な人やその集団は，社会や国家にとって極めて貴重な資産である。人が生み出した文化もまた生活に潤いを与え新たな活力を生み出す資源といえよう。観光資源や歴史的遺産といったものも，また構築されてきた社会体制すら資源として捉えることができるかもしれない。

最も分かりやすく最も広く用いられてきた資源は物質資源である。これには衣食住に直接関わる生活資源と間接的に関係するすべての素材資源が含まれる。前者は，食料である農産物，水産物，畜産物など，また毛皮や木材，骨材資源などからなっている。後者は，生活資源を獲得するための道具（農機具から狩猟器具，調理用品，船舶材料から戦争用品に至るまで）をつくる材料のことである。素材資源の中では鉱物資源の占める役割が大きい。とくに産業革命以後，これら工業原材料資源の需要は急増した。交通通信機器の発達によって世界が小さくなると，資源の需要と供給の関係は，極めて深刻な国際問題を生じる主要な原因となった。すなわち，人類の曙から今日に至るまで，人間の歴史は物質資源を獲得する歴史であった，ということができる。

物質資源には，提供される場所に応じて，地下資源や海底資源などという言い方があるし，海洋資源や山林資源という用法もある。国によっては水そのものの入手が困難であり，その枯渇と汚染のために水資源が死活問題となっているところもある。海洋上に国境を有する国にとっては水産資源の獲得が国際紛

争の原因であり，ある地域では，たとえば，火山の噴火が起きると観光資源が生じたり失われたりする。

資源には，この他にも，利用する形態によって，再生可能資源，再利用資源，未利用資源などという概念があるし，この延長として都市鉱山などという概念も生まれつつある。

鉱 物 資 源

鉱物は，天然に産する無機物であり，一般に結晶質の固体であると定義した（第3章を参照）。すなわち，鉱物は特定の元素からなる単体または化合物で，鉱物資源（mineral resources）とはこれらの元素や化合物を回収できるものを指している。

天然には92種の元素が存在していて，それから構成される鉱物は4000種にも達している。しかし，元素の量は極めて偏っており，たとえば，大陸地殻の場合，わずかに8種類の元素で全体の約99.7%（元素数百分率）が占められている。元素や鉱物は時間的また空間的にも偏在していて，そのこと自体が地球科学的に興味ある多くの課題を提供している。すなわち，その起源や濃集・拡散の機構を解明することそのものが学問（鉱床学）の対象となっている。

しかし，鉱物資源の極度の偏在が，資源の公平な配分を妨げ，その発見と開発をめぐっての深刻な争いを招き，そのため多くの地域間・国家間に悲劇をもたらしてきた。長い時代にわたっての絶え間ない戦いは，その大半が鉱物資源の争奪に関係していたとみることができる。

さらに，鉱物資源の開発に際して回収し切れなかった元素は，環境の汚染という深刻な後遺症をひき起こした。これら負の遺産は人資源である人類の叡智によって解決されなければならない問題である。人間生活と開発の問題，開発とその結果としての公害の問題は，21世紀を生きる地球市民に，思索し実践しなければならない重い課題を課している。すなわち，「人は歴史から何を学ぶのか」という命題に対して格好の材料を提供している。ここにも地球をシス

テムとして捉えるべき意義と素材が用意されている。ここでは紙面の都合で，これらを割愛して，主に鉱床の実態とその生成に関する研究例などを述べる。

2 金属鉱床の生成

金属の濃集

特定の元素またはその元素を含む化合物が異常に濃集しているとき，それを鉱床（ore deposit）という。「特定の」という表現は「有用の」と言い換えることもできる。人間がその有効な利用方法を開発するにつれて，元素の種類も重要性も変ってきた。「異常に」という程度は，元素の種類や形態によっても異なる。目安となるのは，元素の地殻存在度であり，この数10倍から数1000倍にも及ぶ可採率である。しかし，可採率の値そのものが，技術の進歩や社会的要因など周囲の状況に左右されて大きく変化する。

たとえば，発見された鉱体が高品位であっても，地理的・社会的にリスクが大きければ開発されない。政治体制や経済状況によっては著しく低品位の鉱床が開発されることもある。元素や鉱物の濃集の機構や程度は，鉱床の成因を考えるうえで極めて興味深い。

人類がその歴史の中で利用してきたものは，何であれ資源であり，その種類も多岐にわたっている。中でも金属は極めて特異なものである。金属は抽出しやすく，加工や細工が容易なうえ，強靱である。熱伝導度や電気伝導度が大きく，半導体などとしての特異な性質をもっている。そのため金属は昔から今日にいたるまで大いに開発され利用されてきたのである。

主として金属を抽出するための鉱物を金属鉱物といい，これを生じる鉱床を金属鉱床という。もちろん，鉱床が金属鉱物だけでできていることは稀で，それどころか非金属鉱物が大半を占める金属鉱床がふつうである。

金属元素の地殻中での存在量には大きな幅がある（表1）。アルミニウムや鉄は最も多産する金属元素で，その存在量（重量%）はそれぞれ8％と5％で

表1 主な金属元素の地殻存在量と可採率（Evans, 1980）

	平均地殻存在量	平均最小可採率	濃集度
アルミニウム	8	30	3.75
鉄	5	25	5
銅	0.005	0.4	80
ニッケル	0.007	0.5	71
亜鉛	0.007	4	571
マンガン	0.09	35	389
錫	0.000 2	0.5	2500
クロム	0.01	30	3000
鉛	0.001	4	4000
金	0.000 000 4	0.000 01	25

ある。銅は50 ppm, 亜鉛は70 ppm, 鉛は10 ppm である。錫は2 ppm であり，金に至っては4 ppb でしかない。（1％＝1万 ppm, 1 ppm＝1000 ppb）

　他の金属に較べると，元々存在量が少なかったり抽出が困難であったため，これまでにあまり生産されてこなかった金属をレアメタル（rare metal）という。インジウム，リチウム，タンタルなど30〜40種類の金属で，先端技術を支える素材として注目されている。これらの金属元素の産出場所も極めて偏っていて，高価であり，学問的にも経済的にも重要である。

　金属は，その元素化学的性質に応じて，産出する状態が大体決まっている。鉄やチタンは酸化物の形で生じることが多いし，銀や銅，鉛，亜鉛は硫黄と結びついた硫化物の形をとることが多い。タングステンはタングステン酸塩として生じる。金や白金は単体の形で産する。

鉱床と鉱石

　鉱床を構成するものを鉱石（ore）という。鉱業的に有用なものを鉱石，無用なものを脈石という。しかし，技術の進歩や状況に応じて以前の脈石が鉱石となり得ることもあるので，この名称はあまり適当ではない。たとえば，以前には品位が低いため脈石（あるいは尾鉱）として廃棄されていた岩石が，現在では溶脱法によって鉱石となり金属が回収され，したがって鉱石となっている

例は多い。

　鉱床は岩石と同じように（第3章を参照），そのでき方によって，火成鉱床，堆積鉱床，変成鉱床に分けられる。これらが，複合的に起ったり，二次的に変質して生じるものもある。多くの事象が重なって，本質的な成因が明らかでなくなることもある。

　火成鉱床（igneous ore deposit）は，マグマの活動に伴って，特定の元素または鉱物が分別，移動，濃集した結果生じたもので，マグマの分化・変遷の過程に応じて，正マグマ鉱床や熱水鉱床に分けられる。

　堆積鉱床（sedimentary ore deposit）は，堆積作用に伴って，特定の元素または鉱物が機械的・化学的・生物学的に濃集して生成したもので，鉄，マンガン，ウラニウムなどが大規模な層状鉱床をなす。また，砂金や砂白金なども堆積層にみいだされる。

　変成鉱床（metamorphic ore deposit）は，変成作用の過程で，特定の元素または鉱物が濃集した鉱床で，たとえば，別子型鉱床は海底で生成した熱水鉱床が広域変成作用を受けた結果生じたものである。

　これらは，鉱物種や地域によってまた歴史的にもさまざまな規模で開発されており，どれが最も大きいとか重要であるとかは一概には言えない。ある鉱床はその複雑な形態の故に詳しく研究されたし，あるタイプの鉱床群は対立する成因論の故に多くの研究者によって研究された。開発の初期にはマンガン鉱床だったものが，後に鉛・亜鉛鉱床となり，そして銅鉱床にと変っていった例もある。ここにも，鉱物種や元素種を特定しない生きた鉱床の姿がある。鉱床に限らないが，地球の営みと人間活動との接点がこのようなところにも顔を出す。

　元素の濃集の度合いが大きいと鉱床になるが，小さいと邪魔であり鉱石によってはペナルティーの対象になることもある。濃集の度合いがずっと小さいと回収の対象にならず，その結果放置されたり流出したりして，公害元素として環境問題を起こす。このように特定の元素の利用と環境に対する負荷とは，ある意味で両刃の剣であって，十分に考慮しないと悲惨な結果を招く原因となる。

火成鉱床

鉱床の中では，ある意味で火成鉱床が最も変化に富んでいる（口絵参照）。ここでは，いくつかの代表的な火成鉱床についてその概要を述べる。

① **正マグマ鉱床**（orthomagmatic deposit）　苦鉄質のマグマが冷却していくと，融点の高い鉱物が結晶し始める。これらがマグマ溜まりの底に沈殿・集積して鉱床をつくる（口絵参照）。鉱床が生成する温度はおよそ1200〜1000℃程度と考えられている。クロム鉄鉱鉱床やニッケル鉱床がこうして生成する。本邦にはあまり著名なものはない。

② **ペグマタイト鉱床**（pegmatite deposit）　マグマの大部分が固結し終わる頃に，揮発性成分に富んだマグマの残液から巨大な結晶の集合体が生成する。結晶の集合体を日本では巨晶花崗岩と称している（口絵参照）。結晶の大きさはときに1mを超える。石英，長石，雲母などの鉱床がこうして生成し，また希元素鉱物や放射能鉱物が生成する。生成温度は700〜400℃程度と見積もられている。ペグマタイトは，温度的にも媒質の性質からも，正マグマ鉱床から熱水鉱床にまたがる広範な条件下で生成したものである。島根県馬谷城山鉱床（長石，珪石）と新潟県金丸鉱床（長石，珪石）は，規模の大きい鉱床として知られている。

③ **スカルン鉱床**（skarn deposit）（接触交代鉱床 contact-metasomatic deposit）　マグマから生じた揮発性成分に富んだ残液が石灰岩などの岩石と遭遇すると，化学反応を起していろいろな鉱物をつくる。この時にできるざくろ石や透輝石，珪灰石などのカルシウムに富んだ特徴的な鉱物の集合体をスカルンという。この作用に伴って種々の金属鉱物の集合体が生成する（口絵参照）。規模はいろいろであるが，一般に高品位の塊状鉱体を作る。生成温度は600〜300℃程度と推定されている。岩手県釜石鉱床（銅，鉄），福島県八茎鉱床（銅，タングステン），埼玉県秩父鉱床（マンガン，金，鉛，亜鉛，銅，鉄など），岐阜県神岡鉱床（鉛，亜鉛）など規模の大きい鉱床が開発された。

④ **熱水鉱床**（hydrothermal deposit） マグマ溜りから分かれて出た高温の熱水溶液から，金属成分に富んだ鉱物が岩石の割れ目に沈殿して生じる。鉱物種は様々で，水銀，金・銀，マンガン，鉛・亜鉛，銅，鉄，錫，タングステン，モリブデンなどが，硫化物や酸化物の形で生じる。生成温度はおよそ600～100℃と広い幅にわたっている。以前は高温の部分について，気成鉱床という用語を用いていたが，溶液の物理化学的性質により区別する意味がなく，今日では用いない。

形態や生成機構によって，鉱脈鉱床，鉱染鉱床，斑岩型鉱床，海底噴気鉱床（黒鉱鉱床）など，多くの鉱床が知られている。

鉱脈鉱床は，ふつう数10cmから数mのまとまった脈幅をもち，走向傾斜方向に連続するものをいう（口絵参照）。北海道豊羽鉱床（銀，鉛，亜鉛，インジウム），秋田県尾去沢鉱床（銅），茨城県高取鉱床（タングステン），新潟県佐渡鉱床（金），岐阜県平瀬鉱床（モリブデン），鹿児島県菱刈鉱床（金）などが知られている。

斑岩型鉱床は，花崗岩質岩石に伴う熱水鉱床で，ごく低品位であるが大規模な鉱床を作り，銅や金，モリブデンなどの重要な供給源になっている。環太平洋の沿岸に広く分布し，チリのChuquicamata鉱床（銅，モリブデン），ユタ州のBingham鉱床（銅，モリブデン），フィリピンのMamut鉱床（銅，金），中国の徳興鉱床（銅）などがある。日本には知られていない。

海嶺では，火山活動に伴って噴出した熱水から金属が硫化鉱物として析出し，海底に堆積して海底噴気鉱床を作る。近年，噴出孔の周囲をかためてできた煙突状のパイプ（チムニー）や鉄の硫化物などを含む高温の熱水（ブラックスモーカー），硫黄や石膏を含む低温の熱水（ホワイトスモーカー）がつぎつぎに発見され，その生成沈殿の様子が撮影された。生成機構から堆積鉱床に分類されたりもする。沈殿物には銅，鉛，亜鉛，金，銀，レアメタルなどが濃集しており，将来の利用が有望視されている。噴出孔

の近くには特異な生物が群生している。シロウリガイやチューブ・ワームがそれで，これらの生物は熱水中の硫化水素を摂取するバクテリアを体内にもっていて，それを栄養源としている。

　日本のグリーンタフ地域に賦存する黒鉱鉱床はこのような海底熱水鉱床に由来するものである。また，層状含銅硫化鉄鉱鉱床（キースラーガー，別子型鉱床）は，この種の鉱床が後に高圧低温の変成作用を受けたものと考えられている。（鉱石については口絵参照）

堆積鉱床

① **縞状鉄鉱層**（banded iron formation, BIF）　縞状鉄鉱層は，約30億年前に海水中の酸素が増加したため，海水中に溶存していた2価の鉄が酸化されて沈殿し層状に堆積したものである。すなわち，シアノバクテリアが放出した酸素と海水中の鉄イオンが結合・沈殿して形成された鉄鉱物を主とする赤褐色の層，灰白色の珪岩などが縞構造を作っている（口絵参照）。この鉱層は，世界の大陸にまたがって分布し，大陸移動説の根拠の1つとされた。世界最大の鉄の供給源である。オーストラリアのHamersley鉱床はその中でも最大のものであり，約20億年前（原生代初期）の地層中に生じている。

② **マンガン団塊**（manganese nodule）　マンガン団塊は，4000～6000 mの深海底に分布する，マンガンおよび鉄を主成分とし，ニッケル，コバルト，銅などを含む球状の塊（ノジュール）である。海底火山の活動や熱水活動などで，海中に溶け出した元素が酸化物を作り沈殿したものと考えられている。いろいろな制約のためにまだ開発されていないが，将来の有望な金属資源である。陸上で発見される層状マンガン鉱床の起源は，このマンガン団塊であるとされている。

③ **漂砂鉱床**（placer deposit）　漂砂鉱床は，比重の大きな鉱物が堆積作用の過程で集積したものである。未固結の堆積物中のものもあり，また堆積岩

中のものもある。砂鉄，砂錫，砂金，砂白金などのほか，宝石鉱物もこのような形で産出することが多い。
④ **蒸発鉱床**（evapolite） 乾燥した気候では，海水や塩湖の水が蒸発して岩塩や石膏などの蒸発鉱床を作る（口絵参照）。チリのアタカマ砂漠（チリ硝石）やドイツのシュタッスフルト（岩塩）等はその例である。

3　鉱床生成媒体としての流体包有物

　鉱床の多くは熱水溶液から生成している。その意味で，この溶液を鉱化溶液（鉱液）とよぶ。鉱化溶液の起源や化学組成，鉱化作用時の物理化学的条件などは，鉱床の成因を知るために必要なことであり，同時に既存の鉱床の開発や新鉱床の探査に対しても重要な情報を与えてくれる。

　結晶が成長するときに，周りにあった物質が結晶内部に取り込まれたものを包有物（inclusion）という。熱水鉱物の中には鉱化媒質である熱水溶液の微小なサンプルが取り込まれていて，これを流体包有物（fluid inclusion）という。流体包有物は鉱化溶液の化石とも言うべきもので，溶液の性質すなわち鉱床の生成環境の一端を今に伝えている。ここではこのような流体包有物の概要について紹介する。なお，マグマの中でできた鉱物が含む融体包有物については第3章で述べた。

流体包有物のでき方

　結晶が成長する過程では，原子やイオンが順番に重なっていくが，これが理想的に進まない現象がよく起きる。すなわち，様々な原因によって，成長する結晶に不完全な部分が生じて孔となり，ここに媒質を取り込んだままそれがまた塞がって包有物が生成する。成長障害の原因としては，半径の異なる他のイオンや原子が成長表面に吸着したり，気泡や結晶が付着したりすることが考えられる。すなわち，これによって，格子欠陥や転位が生じ，螺旋成長や積層欠

陥を促して，顕微鏡サイズにまで欠陥が大きく発達するものである。(図1)

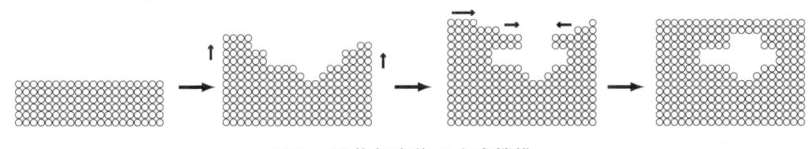

図1　流体包有物の生成機構

　鉱物の成長時に取り込まれた包有物を初生包有物（primary inclusion）という。初生包有物は結晶成長の累帯構造などに調和的な分布をしているが，このことがいつも満足されるとは限らない。結晶成長の間に生じたひびの中に生成した擬二次包有物（pseudo-secondary inclusion）や成長最末期の癒着割れ目に生成した二次包有物（secondary inclusion）などの性質は，初生包有物のものとは違っていることが多く区別されなければならない。多くの識別方法が提唱されているが，実際にはこの区別は容易ではない。

流体包有物を含む鉱物
　流体包有物はたいていの鉱物中に含まれている。肉眼で塵埃状や雲状，ヴェール状に濁って見えるものの大部分が流体包有物である。不透明鉱物の中にも入っていることが確認されている。光学顕微鏡で包有物を観察するのに都合のよい鉱物の条件は，透明であること，屈折率が適度の大きさであること，複屈折が小さいことなどである。また，生成後にあるいは実験中に壊れにくいことが必要である。普遍的に存在する鉱物であると，試料を容易に作成できるし，他の産状の試料と比較ができて好都合である。これらの条件を満たすものとして，石英が最もよく用いられる。石英は一般に無色透明であり，屈折率は1.55程度と適度な大きさであり，複屈折は0.009と小さい。また，劈開もなく堅硬で強靭な鉱物である。多くの熱水鉱床や各種の岩石中に生成する代表的な鉱物である。蛍石や方解石などの中の包有物もよく用いられる。蛍石は，劈開はあ

るものの，光学的等方体であり，屈折率が低く包有物を観察しやすい。方解石は，劈開があり複屈折が大きいが，広範に産出している。

流体包有物の大きさと数

　流体包有物の大きさは様々であるが，100 μm もあれば大きい方である。稀には，気泡が動くのが肉眼で観察されるような大きい包有物が見つかるが，これは大層珍しいものである。たいていは数 10 μm 以下の大きさなので，顕微鏡で観察することになる。しかし，光学顕微鏡の解像限界はおよそ 1 μm であるから，細部を詳細に観察することはなかなか難しい。

　結晶の内部を観察すると，欠陥がほとんどなく清澄なものもあるが，一方おびただしい数の包有物が存在していて，その産状さえはっきりしないこともある。一般に包有物の数が多いと大きさが小さく，大きいものが含まれるときにはその数が極端に小さい，という傾向がある。これは恐らく成長速度の大きさの違いに関係しているのであろう。

流体包有物の形状と分布

　流体包有物は，粒状，扁平状，長柱状，短柱状，不規則状など様々な形状を呈している。結晶面と平行な面によって囲まれた形状を呈することも多い。これは結晶の内部構造を反映しているものと推定され，結晶の内部に向かって自形面が現れているという意味から負結晶（negative crystal）とよばれている。

　一見不規則にみえる包有物の壁面にも，内部構造を反映した微斜面や条線構造が認められることがある。流体包有物の内部では周囲の環境を反映してわずかずつながら溶解と析出が絶えず起こっていると考えられる。その意味から，負結晶形を示さない包有物もその時点までの最も安定な形状を示しているということになる。すなわち，流体包有物は内容積が一定なままで表面積を最小にするように変化し，（自形結晶形を反映した）球形に向かって変形していく。こうして，癒着割れ目中の流体包有物も環境に応じて負結晶形に近づいていく。

流体包有物の形状は母結晶の性質を反映しているから,包有物の観察によって,母結晶の鉱物種を推定したり,光学的結晶学的方位を決定したりもできる。

流体包有物の構成相

流体包有物は,液体と気体および固体を含んでいる(図2)。母結晶の産状

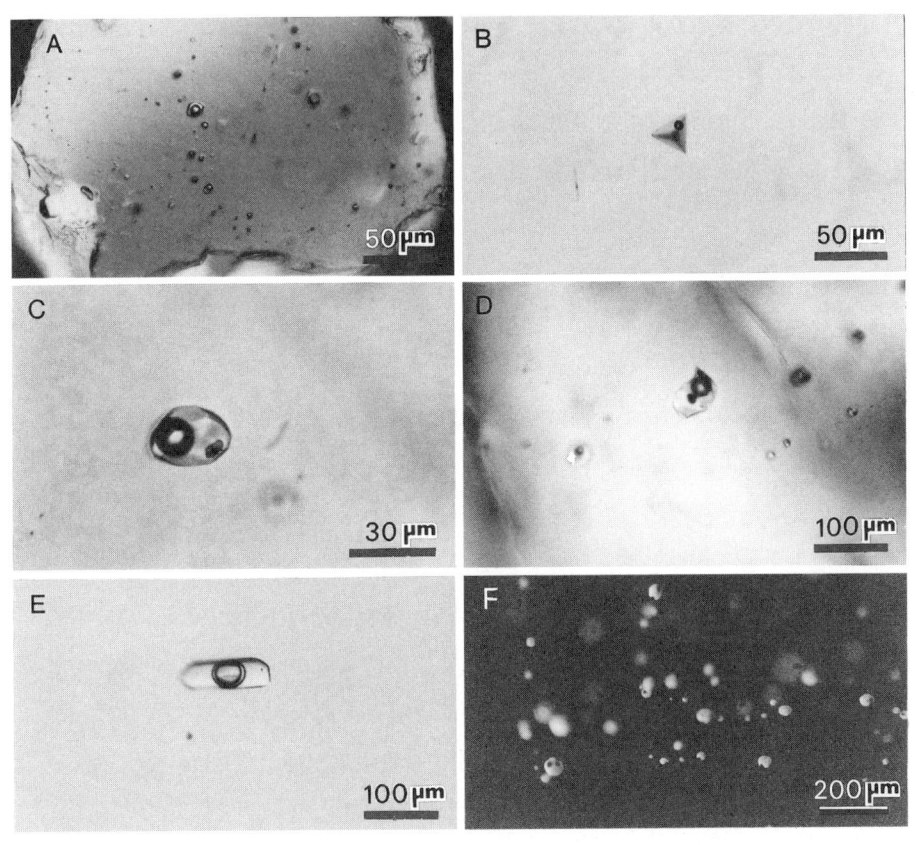

図2 流体包有物 A. 石英中の気液2相流体包有物(茨城県高取鉱床産)。B. 蛍石中の気液2相流体包有物(韓国京畿道春川新浦鉱床産)。C. 石英中の多相流体包有物。赤褐色の赤鉄鉱結晶を含む。(韓国慶尚南道山内鉱床産)。D. 石英中の多相流体包有物(パプアニューギニア Bougainville 鉱床産)。E. 石英中の含二酸化炭素流体包有物(中国福建省産)。F. 蛍石中の含石油流体包有物。石油と気体,瀝青物質を含む。紫外線を照射して撮影。(イリノイ州 West Green 鉱床産)

によって特徴的な違いがあるが，量的には液体が多い。気体および固体はこれを欠いていることも多い。気体は気泡となって液体中に浮いている。試料を傾けると気泡が移動することもあり，また試料によっては自在に動いていることもある。気相の割合が大きいものでは光の屈折の関係で内部をよく観察できない。固相は，無色のもの，有色のもの，等方性のもの，異方性を呈するもの，粒状のもの，繊維状のものなど，多種にわたっている。あるものは包有された鉱化流体から析出した娘鉱物（daughter mineral）であり，あるものは熱水溶液中に既に存在していた捕獲鉱物（trapped mineral）である。そのほか，室温で液体二酸化炭素を含む包有物，石油を含む包有物，CH_4からなる包有物などがある。

流体包有物の温度変化

現在見られる流体包有物の状態は，もともと鉱物の中に取り込まれたときとは異なっている。そこで，顕微鏡の下で観察しながら，実験的に高温高圧の状態にしてやると，この間の流体包有物の変化を知ることができる。（図3）

液体と気泡からなる包有物を加熱すると，ふつうは気泡が小さくなってついには消失する。すなわち，図3で，気液2相包有物（A）の温度が上昇すると，内部の圧力も2相共存曲線に沿って上昇し，気泡は小さくなってT_{HA}点で消失する。気泡の容積比が大きいもの（B）では逆に気泡が膨張して孔を満たすようになる（T_{HB}点）。また，多くの固相は溶解して消失する。このように，加熱によって気泡や固相が消えて単一の相になる現象を均質化（homogenization），そのときの温度を均質化温度（homogenization temperature）とよんでいる。この温度は鉱物が生成した温度の下限を示すものとして評価されている。温度はそれ自体が生成環境の分かりやすい指標であるうえ，他の物理量を規定するのにも有効である。流体包有物の均質化温度は，現在最も信頼されている地質温度計（geothermometer）の1つである。

均質化の後，包有物内部のPT条件は図3のisochoreに沿って変化する。

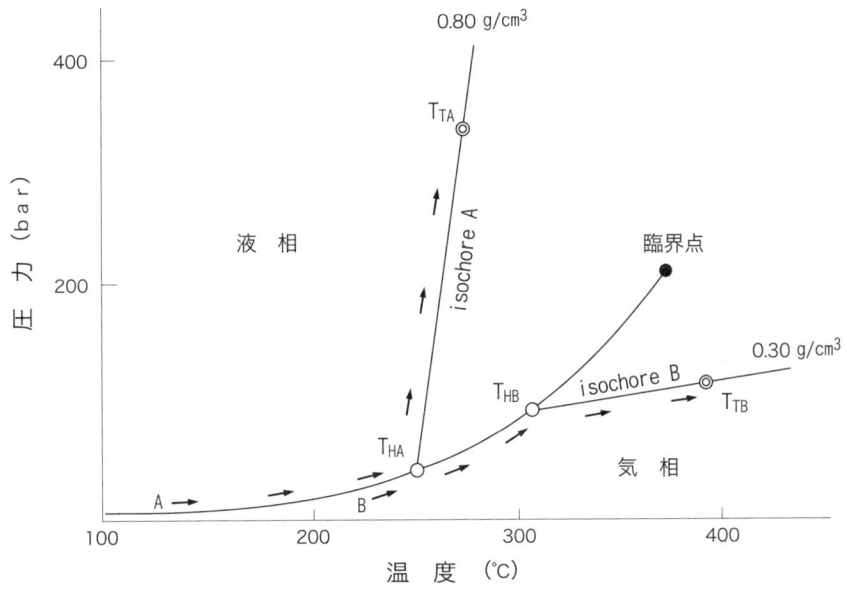

図3 流体包有物の温度変化
純水からなる系で，液相に富む流体包有物(A)と気相に富む流体包有物(B)の均質化およびその後のPT変化を示す。

　流体包有物はこの線上で生じたはずであるから，生成したときの圧力が決まれば，均質化温度を補正することにより，生成温度が求まることになる。鉱物の共生関係などから圧力を求める方法がいくつか提唱されているが，好都合な鉱物組み合わせがいつでもあるとは限らない。むしろ他の方法で生成温度が決まれば，逆に流体包有物を地質圧力計（geobarometer）として利用することが可能になる。

　流体包有物中には岩塩やカリ岩塩の結晶がよく認められる。また化学組成分析により，多くの包有流体は塩水溶液であることが分かっている。塩水溶液の場合にはその濃度に応じて図3の2相共存曲線が高温度高圧力側にシフトする。したがって均質化温度に塩濃度補正をする必要がある。

　一般に，包有物を冷却すると，溶液が凍結する。これを加熱するとき氷が融解する温度と塩濃度との関係は，溶液によって決まっている。包有流体が

NaCl-H₂O系であるとか，NaCl-KCl-H₂O系であるとかを仮定すると，氷が消失する温度から包有流体の塩濃度を求めることができる。(図4)

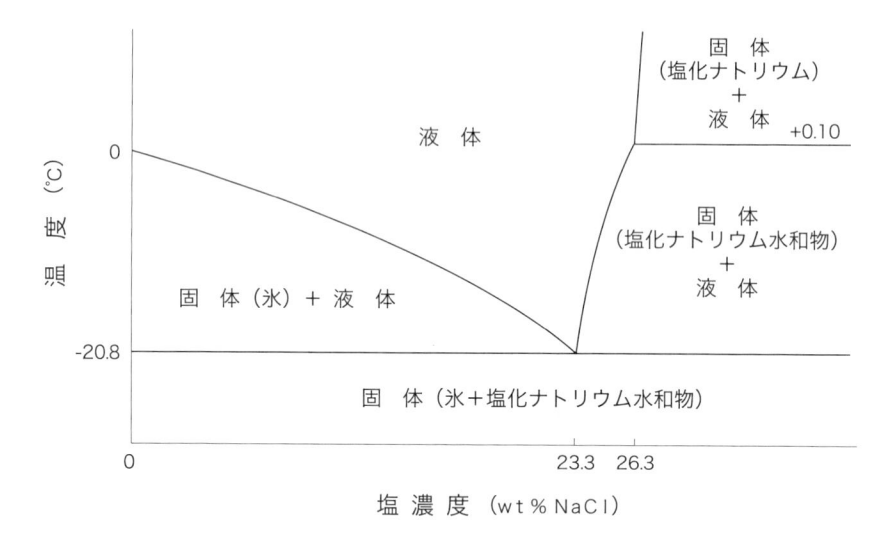

図4 NaCl-H₂O系の相平衡図
一般に，固体(氷)+液体と液体の領域間の境界の曲線を用いて，氷の融解温度から塩濃度を求める。

鉱床の生成環境

このようにして，流体包有物の温度変化の様子から，鉱物が生成したときの温度，圧力，塩濃度などを推定することができる。流体包有物を取り出して，組成分析をすれば，溶液の化学組成，気体の化学組成，元素の同位体組成などを知ることもできる。こうして，鉱物が生成したときの鉱化媒体の性質や周囲の物理化学的環境，鉱物を構成する元素の起源などについての様々な情報が得られてきた。

たとえば，茨城県高取鉱山のタングステン鉱床は深成鉱脈であるが，5～10wt％（NaCl相当塩濃度）程度の塩濃度の熱水溶液からおよそ450～300℃で生成されたらしいことが分かる。包有物と母結晶の同位体交換から，マグマからの水が天水と混合して鉱化溶液になったことが示唆されている。

また，ユタ州 Bingham 鉱山の銅モリブデン鉱床は斑岩型鉱床であるが，70％を超えるような極めて濃い塩水溶液から，700〜300℃程度の幅のある環境下で形成したらしいことが分かっている。

　深成岩に伴って生成した大陸型の金鉱床の生成温度は，島弧型の金鉱床に比較すると，あまり顕著な差はない。しかし，塩濃度がやや高く二酸化炭素に富んだ鉱液から生成しているらしいことが明らかになっている。

いろいろな流体包有物

　気液2相包有物が最も一般的であるが，液体のみからなるもの，気相に富むものなど，流体包有物には産状に応じていろいろなものがある。

① **二酸化炭素に富む流体包有物**（図2, E）　これは室温で水溶液と気泡のほかに液体の二酸化炭素を含むものである。二酸化炭素は圧力が高いと室温では液体となり，水溶液と混和しない。したがって，水溶液，液体二酸化炭素，気体二酸化炭素（＋水蒸気）からなる包有物を構成する。二酸化炭素の臨界温度は約31℃にあり，相の変化を見るのに好都合である。この種の包有物は深部でできた鉱脈やペグマタイトからの鉱物中に多い。

② **娘鉱物をもつ流体包有物**（高塩濃度流体包有物）（図2, C, D）　熱水溶液が高い塩濃度をもっていると，環境が冷却したときに過飽和となり，結晶が析出してくる。このようにして，室温で，いろいろな結晶を「包有物の中」に含むものが知られている。結晶の種類としては，岩塩とカリ岩塩が最も多い。この種の包有物は，深成鉱脈や斑岩型鉱床の鉱物中によく認められる。

③ **石油を含む包有物**（図2, F）　水と石油は常温では混じることはない。しかし，ある地域では，高温で，熱水と石油が混和していたことが分かる。流体包有物の中には，メタンや瀝青物質が含まれていることもある。

流体包有物にみられる特殊な現象

流体包有物にはふつうの世界ではあまりみられない現象がよく起きる。たとえば，温度変化に対する相の準安定状態，気泡の運動，消えるメニスカス，結晶の癒着機構や負結晶の生成などである。ある現象はよく理解されているが，まだ解明されていないことも多い。このような現象は鉱物と鉱化溶液の性質を反映しているものであり，その中には過去の事象を紐解く鍵が隠されている。

＜参考図書＞

番場猛夫（1993）：『いま地球の財産を診る―鉱床学と鉱物資源』，教育出版センター，286p.

Evans, A. M.（1980）： *An Introduction to Ore Geology*. Blackwell Scientific Publications, 231p.

鞠子　正（2002）：『環境地質学入門』，古今書院，286p.

Roedder, E.（1984）： Fluid Inclusions. *Review in Mineralogy, Vol.12*, Mineralogical Society of America, 644p.

Sander, M. V. and Black, J. E.（1988）: Crystallization and recrystallization of growth-zoned vein quartz crystals from epithermal systems- Implications for fluid inclusion studies. *Econ. Geol.*, 83, 1052-1060.

笹田政克（1988）：流体包有物マイクロサーモメトリーの基礎　地熱編（1），地熱エネルギー，13，295-311.

笹田政克（1989）：流体包有物マイクロサーモメトリーの基礎　地熱編（2），地熱エネルギー，14，27-42.

佐脇貴幸（2003）：流体包有物―その基礎と最近の研究動向―．岩石鉱物科学，32，23-41.

Shepherd, T., Rankin, A. H. and　Alderton, D. H. M.（1983）: *A Practical Guide to Fluid Inclusion Studies*. Blackie and Son Ltd., 239p.

杉村　新・中村保夫・井田喜昭編（1988）：『図説地球科学』，岩波書店，266p.

生命科学と環境システム

　地球に生命が誕生してから40億年余，歳月は流れた。DNAは遥かな旅を続けてきた。地球内部の異変，外部世界からの衝撃的な攻撃。そんな中で生命は生き続けた。何度も絶滅の危機に瀕しながら，その度に生命は生き続けた。否，多くの種が消えた。残っている我々はその偶然の産物に過ぎない。悲惨な状況をかい潜ってきたその歴史に，我々は何を学ぶことができるのか。

　21世紀，ついに我々は他の天体に生命の痕跡を見出そうとしている。地球生命の出生の秘密が解き明かされるのかもしれない。その時そしてその後，我々の心はどのように動いていくのだろう。我々は己が生命と取り巻く環境の中に生きるすべての同胞をどのような眼で追いかければよいのであろうか。生物の多様性を守り育みながら，協調と共生の可能性を模索する，意識の大きな変革の時が迫っている。

　海は命の源である。海の中には母が居る。その海が汚れ，泣いている。地球は大きく無尽蔵である，と人類は高を括っていた。大地からの略奪，森林の伐採，海洋からの搾取。量産，大量消費，そして飽食。食料資源と水の枯渇はいまや現実のものである。しかも，その表層は着実に汚染されている。

　他を蹂躙し搾取し，自我を残すための殺戮と環境の破壊。繰り返される農薬の功罪，食料の争奪，不公平な配分。遺伝子交雑の恐怖と未知ウィルスの蔓延。地球上の至る所に現れる警鐘の響き。それを我々はいつまで聞くことができるのだろうか。本当に必要な量だけを獲るという先住民族の智恵。単に未開世代の収率の低さだったという声も議論もある。しかし，年追う毎に収量は減り，異変は起きる。そして着実に「明日」は訪れるのである。

　水と木と土を中心に織り成すシステム。そして，生命の鼓動と組織のからくりに驚愕する世界である。

長野県安曇村乗鞍高原

6 地球システムに由来する古環境変動

平野 弘道

地球の環境は地球の天体としての運動と内部構造に由来する活動によって，周期的に変動してきた。この地球システムに由来する環境変動のため，顕生累代（過去5億3000万年間）を通じて生物は何度も大量絶滅を経てきた（表1）。さらに近年の研究成果は，およそ1億年に1度の割合で，直径10km程度の隕石が地球と衝突し，地球環境を激変させ，大量絶滅をおこす可能性を指摘している。

1 環境とは

こんにち多くの人が「環境」という単語を使っている。しかし，その意味する内容は，その関心の所在によって大きく異なることがある。地球システムを考えるときの「環境」とはいったい何を指すのだろうか？

実は，地球の環境は多くの要素に分けることができる。まず陸上の生物か，海洋など水生の生物かによってかなり異なる要素が挙げられる。すなわち，陸上生物にとっての環境の要素には，気温，湿度，降水量，大気組成，食物資源，捕食，生活空間，などが主なものであろう。水生生物にとっての環境の要素としては，水温，塩分濃度，溶存酸素，食物資源，生活空間，捕食，等が挙げられよう。したがって，環境変動とは，このような要素が変化することである。

2 環境変動のテンポ

上に述べたような環境の要素がゆっくりと変化するときは，あまり問題は生じない。もちろん，最適者生存の原理による自然選択は生じる。すべての生物

表1 地史を通じて見られる主要な絶滅と環境変動

地質時代(100万年)	絶滅動物	環境変動	絶滅率	科数
始新世後期(36.5)	軟体動物	海水準低下	45.8(0.50)	15
白亜紀末(65)	浮遊性有孔虫・斧足類・アンモナイト・ベレムナイト・鳥盤類・竜盤類	海水準低下* 気候寒冷化* 隕石衝突	66.3(1.74)	90
白亜紀後期 CT(91)	アンモナイト・斧足類	無酸素事変	18.9(0.93)	36
白亜紀前期 AA(107)	斧足類	無酸素事変	12.0(0.22)	18
ジュラ紀末(135)	斧足類・アンモナイト・竜脚類恐竜・剣竜	海水準低下* 気候変動	19.5(1.09)	30
ジュラ紀前期 PT(188)	斧足類	無酸素事変	15.2(0.86)	17
三畳紀後期(205)	コノドント・アンモナイト(Ceratite)・腕足類・腹足類・斧足類・両生類(迷歯類)・哺乳類型爬虫類・槽歯類	海水準低下	38.6(1.94)	36
ペルム紀末(250)	サンゴ・フズリナ・腕足類・ウミユリ・コケムシ・アンモナイト(Goniatite)・哺乳類型爬虫類	海水準低下* 気候寒冷化	52.5(5.61) (7.12)	81 154
石炭紀末(290)	—			
デボン紀後期 FF(360)	造礁生物(サンゴ・カイメン)・腕足類・三葉虫・アンモナイト・コノドント・板皮類	海水準低下* 氷河発達	21**50*	
シルル紀末(410)	—			
オルドビス紀末(438)	造礁生物(サンゴ・カイメン)・筆石・コケムシ・腕足類・オウムガイ・三葉虫	海水準低下 氷河発達	22**	
カンブリア紀後期(510)	三葉虫・コノドント・腕足類		15-20*	
原生代後期(650)	藻類(アクリタークス)	氷河発達		

(注) 絶滅率:ペルム紀以降は Raup and Sepkoski (1984) による。( ) 内の絶滅率は Sepkoski and Raup (1986) による (絶滅科数)÷(全科数)を100万年当りで表示した値。科数:絶滅事変のあった期の間の絶滅科数。すべて海生動物に基づく。*:Sepkoski (1986) による海生動物属の絶滅率 (%)。**:Sepkoski (1982) による海生動物科の絶滅率 (%)。地質時代は紀単位で表示してあるが、紀末の絶滅率は、その紀の最後の期の絶滅率である。CT:セノマニアン期・チューロニアン期境界。AA:アプチアン期・アルビアン期境界。PT:プリーンスバキアン期・トアルシアン期境界。FF:フラスニアン期・ファメニアン期境界。アンダーライン:5大絶滅。

は，生存，あるいは繁栄のための固有の最適条件を有しているからである。また，固有の耐性が狭範囲性か広範囲性かの違いによって，環境の要素が変動しても受ける影響に違いが出てくる。たとえば，温度に対する耐性が，10℃から20℃の生物種にとっては，この範囲以下でも以上でも生存に差し支えが生じ，長く続けば死滅する。すべての要素について，耐性に由来する許容範囲があるわけである。

　ちなみに，環境が変わらなければ，つまり上記のような環境の要素が変わらなければどうか？　遺伝学の法則にHardy‐Weinbergの法則がある。これは，個体数が十分に多い集団（メンデル集団のこと；個体群と訳す分野もある）において，環境が変わらず，他の集団からの移入が無く，突然変異が生じなければ，その集団に進化は生じないという法則である。これを理解するためには，進化とは何かを知らなければならない。その詳細は別途専門書が多数あるので参照されたい。手短に述べれば，進化の定義は，集団における遺伝子頻度の変化である。現代の総合説で，進化とは二元論によって説明されている。すなわち，遺伝子突然変異によって変異個体が作られ，自然選択によって最適者が次世代の形成に関与できる。このようにして世代が経過することによって集団の遺伝子頻度が徐々に変わっていくのである。もちろん，私たちヒトも進化の産物である。

　したがって，環境が変わらなくても自然選択により絶滅する生物種は生じるのである。絶えずこのような現象は起こっているので，そのような絶滅は背景絶滅と呼ばれる。これに対して，環境の諸要素が通常より速い速度で進行すると，世代の経過に伴う遺伝子頻度の変化で追いつかないために，多数の種が絶滅する出来事が生じることがある。数十万年から数百万年程度の期間に環境が大きく変わると，結果的にその前後の時代より突出した絶滅率を示す現象が生じてきた。これを大量絶滅とよんで，背景絶滅と区別している。顕生累代には，このような大量絶滅が5回～6回生じたことが知られている（図1）。5回～6回というのは，古生代末の大量絶滅が，実は2分できることが分かってきたの

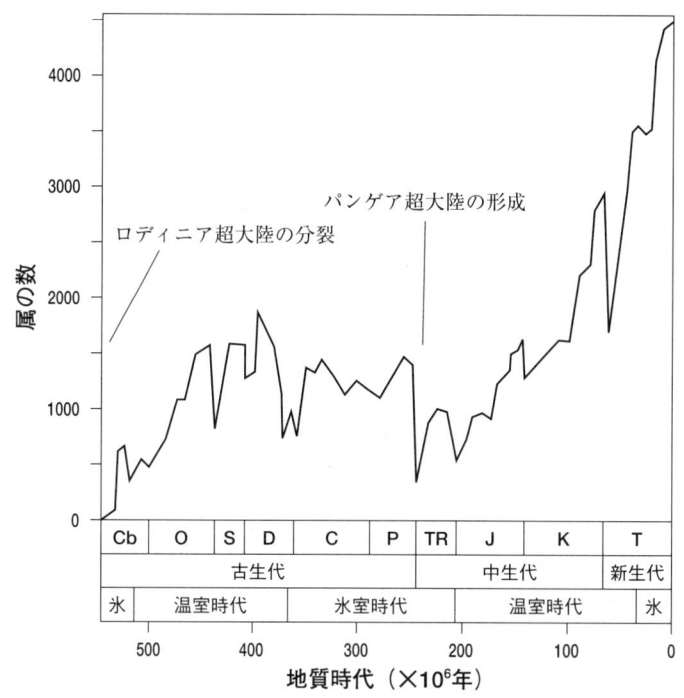

図1　顕生累代の生物多様性の変動と超大陸の形成・分裂，及び寒暖の変化。

で，その各々が独立事象かそれとも一連の環境変動の中で生じたのか，によって回数が異なるからである。

3　周期的に変動する地球環境

　環境の諸要素を周期的に変動させるメカニズムがある。隕石の衝突は，周期が非常に長く，研究の現状では，周期的であると断定するには前例が少なすぎる。そこでこれを除くと，最長のものは Wilson Cycle であろう。

▶ Wilson Cycle：超大陸の形成，または形成後に始まる分裂の周期性。この周期性の提唱者 Wilson にちなんでそうよぶ。およそ 400 Ma 〜 800 Ma ［Million anno］周期。Rodinia 超大陸（8億年〜7億年前）の次には

Pangaea 超大陸（2億4000万年前）が形成された。

　超大陸が出来ると（環境の諸要素への影響は）：大陸性気候となる，プレート運動が低下する，火山活動が低下する，海盆容積が増加する，海水準が低下する，浸食が盛んになる，陸上生物は一つの大陸に閉じこめられる（ストレスの増加＋地理的隔離の減少＝多様性の減少），海洋生物は一続きの大陸棚に連続して分布する（同上）。地質時代を通じて，大量絶滅は，海退の時に生じている。したがって，Wilson Cycle は大量絶滅の引き金となりうる。

　Rodinia 超大陸の形成ののち，全球凍結とよばれる大氷河時代となった。そして引き続く分裂に伴い Cambrian Explosion「カンブリアの大爆発」とよばれる，生物の大放散が短時間の間に生じた。この間に進行した，大気の酸素分圧の上昇がもっとも影響があり，これによって多細胞生物の代謝活動が可能となったといわれる。

　Pangaea 超大陸は，古生代の終わりに形成され，このときに顕生累代史上最大と見積もられている大量絶滅が生じた。

　なお，単一の超大陸でなくとも，大陸が極地方に存在すると，過冷却され，大陸氷河が発達することが多い。周南極環流が，南極大陸の周りに閉じこめられるか，赤道域に流出しうるか，等も地球環境には著しい影響を及ぼしてきた。

▶ **Superplume** の発生周期：核・マントルの境界部付近で，およそ 200 Ma の周期で超巨大なプルームが誕生する。この上昇により，海盆容積が減少し，海水準が上昇する（過去の例では概ね 200 m），火山活動が活発化する，プレート運動速度が増加する，変成作用が盛んになる，二酸化炭素が増加する，温室効果により気温・水温が上昇する，海洋循環が遅滞する，新鮮海水が海洋底に供給されなくなる（海洋による熱運搬機構である熱塩循環が変化するため），海洋表層部のプランクトンが繁殖する，海洋底の有機物が増加する，海洋底に無酸素水塊が発達する，海洋生物が絶滅する，石

油が形成される。

　今からおよそ1億年前の温室時代（中生代白亜紀）に，中規模の同時絶滅が繰り返し，現在知られている石油埋蔵量のおよそ60%がその時に形成された。

参考：温暖化の影響
　地球が温暖化するとどうなるか考えてみよう。(A) 大陸や山岳の氷河が溶ける ⇨ 海水準が上昇 ⇨ 陸域面積が減少（低い国はなくなる；堤防の建設・嵩上げ・維持に莫大な経費を要する；日本にはお金はあってもコンクリート骨材はもう無い，どうしよう？）。(B) ツンドラが溶ける ⇨ 二酸化炭素が放出 ⇨ 温室効果が生じ，さらに気温が上昇 ⇨ 気候帯が変動し，ロシアとカナダは小麦の生産が高緯度まで可能となるため豊かになり，アメリカ合衆国は乾燥気候となり貧しくなる。(C) 極地方の表層海水が冷却されない（熱塩循環の変化）⇨ 海洋循環が遅滞する ⇨ 深層水・底層水が貧酸素・無酸素となる ⇨ 底層の生物は死滅し，湧昇に由来する漁場は消滅する（漁獲高の激減；水産業の崩壊）。

参考：火山活動の影響
　火山は，そのマグマの性質（化学組成）の違いによって，爆発したり，水のような溶岩流が流れたりする。爆発して火山灰が多量に噴出し続けると，太陽輻射を遮り，気象・気候に影響する。より具体的には，作物の収穫に影響する。(A) ワシントン州セントヘレンズ火山の場合は，この緯度が小豆の生産される緯度であるので，相場に影響する（商社に勤める者は熟知すべき事項）。(B) 大規模な爆発が続くと，地球全体が冷却し，凶作となる。少なくとも過去数百年間の凶作は火山爆発に起因するものが少なくないという研究例がある。凶作は，暴動，革命などの一因となってきたことに注意されたい。なお，ヨーロッパで気候不順となり，結果として凶作となるのは，ヨーロッパの火山が爆発したと思いこんでいる人がいる。地球の大気循環を知悉して，太陽輻射を妨

げる火山灰がどのように分布するか，シミュレーションしないといけない。

　規模は小さいがよく知られていて，かつ肉眼でも分かる例として，日本にも降下する黄土高原の黄砂や，ヨーロッパ・アルプスに降下するサハラ砂漠の砂があげられる。大気の循環は地球規模であり，極めて速い。

▶ Milankovitch Cycle：セルビアの科学者，ミランコビッチによって提唱された学説で，離心率により10万年周期で，地軸の傾きにより4.1万年周期で，歳差運動により1.8万年と2.3万年周期で，地球が太陽から受ける輻射量が変化する，というものである。海洋底の堆積物や極地方の氷床コアの研究により，既に実証されている。たとえば最近160万年間の氷河時代については，気温の周期的変動が明確にこのサイクルに従って変動していることが分かっている。

　なお，既によく知られているように，現在は小氷河時代に向かっている。従って，化石燃料等の使用に由来する大気の二酸化炭素分圧の上昇による昇温効果は，この氷河時代に向かっている分だけ温度を減じなければならない。

4　歴史的変遷を考えるときの注意

（1）月は地球から200 km/5 Maの速度で，潮汐摩擦の影響で遠ざかっている。したがって，昔は月は地球により近く，地球の自転周期は短かった。

（2）核融合反応をしている太陽は昔は温度も輝度も今より低かった。にもかかわらず，地球誕生の初期に，地球は温暖であった。これを「暗い太陽のパラドックス」という。なぜ，地球はそのころ暖かかったのだろう？

発展的課題

人類社会は人類の叡知だけで変化してきたと思っている人はいないだろうか？ 次のことを調べ、考えてみよう。

1. [仮説：フランス革命，ロシア革命，江戸時代の各種政変の時には大きな火山噴火とそれに由来する凶作があった（革命は火山爆発による）]。検証の鍵：歴史時代の火山噴火と社会的・政治的事件とを年表に整理する。 検証の手順：①インターネットまたは地球科学関係の事典を用いて，歴史時代の主要火山爆発をピックアップする。②インターネットまたは社会科学関係の事典・年表を用いて，革命・政変をピックアップする。【注意】ロシア革命やフランス革命の前に，ロシアやフランスに火山爆発があったなどと近視眼的な発想をしてはいけない。

2. 地質時代の大量絶滅事変の一つを選び，①時代，②絶滅した生物，③原因，④事変の継続時間，を調べてみよう。[参考書：講談社現代新書・恐竜はなぜ滅んだか・平野著；東京大学出版会, 恐竜学, 小畠ほか編著の絶滅の章。平野著；岩波書店・繰り返す大量絶滅・平野著など]

3. 縄文時代は今より2℃温暖で，したがって海岸線が今より内陸にあった（縄文海進という）ことはよく知られている。どれくらい，海岸線が内陸に進出していたか，調べてみよう。縄文貝塚などを調べれば，容易に分かる。ただし，現在の海岸線は，ほとんどが埋め立てによるものであることは忘れないように。

4. 「香炉峰の雪はいかならん」と中宮に問われた少納言は簾（すだれ）を巻き上げた。平安時代は，雪が降っても部屋を締め切ることがないほど，通常そんなに暖かかったのだろうか？

地球温暖化の参考書：内嶋善兵衛（1996）：『地球温暖化とその影響―生態系・農業・人間社会―』，裳華房，202p.

7 生物多様性の意味とその保全

長谷川眞理子

1 生物多様性とは何か

　近年，生物多様性（biodiversity）ということがいろいろなところで話題になっている。生態学でも，以前から種多様度という言い方で，生態系を構成する種の数を問題にすることはあったが，最近の関心は，これよりもずっと広い意味を含んでいる。それは，単に種の数だけではなく，さまざまな生物がさまざまな相互作用を保ちながらこの地球生命圏が成り立っている，その複合体全体の構造と機能，歴史的生成過程の理解を意味し，そして，それをできるだけ保存していこうという使命感をも含むものである。

　生物学は，ながらく，生物の多様性に十分な目を向けてこなかった。皮肉なことに，地球上の生物多様性が刻々と失われていくという危機が目前に迫るとともに，多様性の研究の重要さが認識されるようになったといえよう。

生物多様性の大事さの認識

　環境の危機が指摘されるようになって久しいが，生物多様性の保全という視野が定着したのは，比較的最近のことである。

　たとえば，一昔前に非常に広く使われていた生態学の教科書である，E. P. オダムによる『生態学の基礎（上・下）』(1971) では，生物多様性という言葉は使われておらず，上記の意味での生物多様性の重要性については触れられて

いない。また，もう一つの有名な教科書である，R. H. ホイッタカーの『生態学概説』(1975) でも，種多様度についての説明はあるが，やはり，生物多様性の重要性に関する記述はない。

この2冊の教科書とも，農薬や工業排水などによる汚染が生態系をどのように破壊しているかについては述べている。そして，生態系を，さまざまな要素間の相互作用を含むシステムととらえねばならないことは記述されているが，現在のような生物多様性の概念はないように思われる。1970年代は，環境問題が，公害問題のレベルでとらえられていた時期であったといえよう。

しかし，1980年代になると，とくに，マウンテン・ゴリラ，パンダ，チータなど，人目をひく「有名な」動物の絶滅が懸念されるようになり，一般の人々の間にも，種の絶滅に対する危惧が高まってきた。一方，種の多様性が生態系全体に持つ意味，多様性の機能などについての生態学的知識も進んだ。そして，公害問題が地球環境問題として，より大きな視野でとらえなおされるようになる中で，生物多様性という言葉がキーワードとして使われるようになってきたのである。

1986年の9月にアメリカのワシントンで，「生物多様性に関するナショナル・フォーラム」が開かれた。これは，アメリカ科学アカデミーとスミソニアン研究所が共催した会議で，多くの生物学者，経済学者，哲学者，環境団体の人々などが参加し，最終日の討論は，100以上のサイトを介して全米，カナダでインターネット放映された。この会議および，そのときの発表論文をまとめて作られた書物『Biodiversity』(1988, E. O. ウィルソン編) は，一つの時代を画するものであったといえよう。

この会議と書物だけが重要なわけではない。M. E. スーレによる有名な保全生物学の教科書が出版されたのも1985年であり (Soule, 1985)，生物多様性の重要性の認識と，その本格的な研究，保全にむけての取り組みは，これらに象徴されるように1980年代後半からさかんになったといってよいだろう。

生物多様性とは何か

では，生物多様性とはなんだろうか？　それは，どのように定義されるのだろう？　生物多様性とは，この地球上にさまざまな生物がおり，それらが相互作用を及ぼしあっている，その全体をさす。したがって，単にある場所に存在する種の数だけに還元することもできず，遺伝子プールに存在する対立遺伝子を数え上げれば理解できるというものでもない。つまり，何か一つの尺度に還元することのできない，複雑な全体である（Gaston, 1991, Noss, 1990）。

生物多様性には，生物界の階層性にそって，次の４つのレベルでの多様性が含まれる。それは，❶遺伝的多様性，❷種多様性，❸群集多様性，❹景観多様性である。それぞれについて，簡単に説明しよう。

❶**遺伝的多様性**：ヒト，アナグマ，キンポウゲ，アカパンカビなどというのは異なる種の名称であるが，同じ種の内部にも，たくさんの遺伝的多様性が存在する。ある一つの種，個体群の内部に存在する遺伝的多様性をさす。これは，ある種のもつゲノムの中に，対立遺伝子がどれほど含まれているかということである。

❷**種多様性**：ある地域に何種の異なる生物が住んでいるか，種の数のレベルで見た多様性をさす。種は，似たような環境要求をもつ個体の集まりであり，互いに配偶によって遺伝子を交換する集まりであるので，生態学的に重要な実体である。生物多様性の研究の多くも，種レベルでの多様性の研究である。

❸**群集多様性**：森林，湖，島など，ある群集の内部で，どれほどの生息地多様性があり，どれほど多様な種間相互作用が行なわれているかという，群集レベルで見た多様性をさす。

❹**景観多様性**：景観（ランドスケープ）とは，物理的な環境としての地形，地質構造と，植生と，生物群集のすべての相互作用系をさす。その多様性とは，単に一つの群集にとどまらず，地球を空から見たときに，ある地域全体にどのような群集，生態構造が，どのように入り組んで配置されている

か，その全体の多様性をさす。

　生物多様性は単に種の数をさすものではなく，個々の生物がシステム全体の中に果たしている機能と，生物間相互作用の働きのすべてを含めた概念であるので，その包括的な理解には，これら4つのレベルの理解がどれも必須である。とくに，最後の景観多様性は，従来はあまり取り上げられることがなかったが，人間による自然の無制限な改変が生態系に重要な影響を及ぼしてきたことを反省し，人間の営みと自然との共存をはかる方策を考えるためには，重要なレベルである。

地球上での生物多様性の規模

　それでは，地球における生物多様性は，どれほどのレベルにあるのだろうか？　これはたいへんに難しい問題であり，上にあげた4つのレベルのどれにおいても，まだきちんと測定されたことはない。

　古来より，人間はさまざまな生物を記載し，分類し，命名してきた。種数で言えば，これまでに命名されている種の総数は，およそ140万から150万種の間である。しかし，到底これですべてではなく，また，命名と記載の精度は分類群によりまちまちである（表1）。

　大きくて目立つ生物，動かない生物は，そうではない生物に比べて当然ながらよく知られているので，哺乳類，鳥類，顕花植物などでは，未記載種の数はそれほど多くはないだろう。それでも，鳥類で，沖縄のヤンバルクイナが発見されたのが1986年であるし，哺乳類の中の霊長類に属するマダガスカルのキツネザル類は，1987年にgolden bamboo lemur（*Hapalemur aureus*），1996年にgolden brown mouse lemur（*Microcebus ravelobensis*）が発見されている。

　もし，現生の種が全部記載されたならば，何種になるのだろうか？　非常におおざっぱに見積もって，500万種から5000万種の間ではなかろうかと推測されているが，どの推測も一定の仮定をおいているので，その仮定の信憑性には議論が多く，誰も正確な推測はできない。生物の中でもっとも種数が多いの

表1 地球上における既知の種数でみた生物多様性

ウィルス		およそ 1,000 種
モネラ（細菌類とシアノバクテリア）		4,760
菌類		47,000
藻類		26,900
植物		250,000
原生生物		30,800
動物	無脊椎動物	990,000
	（うち昆虫類）	750,000
	脊椎動物	43,000
	（うち軟骨魚類）	18,150
	（　　両生類）	4,200
	（　　爬虫類）	6,300
	（　　鳥類）	9,000
	（　　哺乳類）	4,000
合　計		およそ 1400,000

Wilson, E. O. (ed.) (1988) より

は昆虫類である。現生記載種のうちのおよそ75万種は昆虫であり，まだまだ未記載のものが多数あることも確かなので，昆虫類が本当にどれほど存在するのかで，総種数は大幅に変動することになる。

　既知の140万種から150万種のうち，昆虫類が75万種であるということは，生物の半分以上は昆虫だということである。つまり，四捨五入してまるめてしまえば，生き物とは一口で言って昆虫なのだ。昆虫の中でも種数が特別に多いのは甲虫類である。今世紀初めに活躍したイギリスの進化生物学者，J. B. S. ホールデンは，英国国教会の牧師から，「神様の創造物について長年研究された結果，何がわかりましたか？」と尋ねられ，「神様は異様に甲虫がお好きだということです」と答えたという有名な話がある。しかし，1980年代の後半になって，熱帯降雨林の樹冠にのみ生息する甲虫類が大量にいることがわかり，その研究から推測するとさらに増えることになるだろう。実際には，ホールデンが考えていたよりももっと，神様は甲虫がお好きなのかもしれない。

　熱帯降雨林は，地球の表面積のおよそ7パーセントを占めているにすぎない

が，地球上の生物種の半分以上は，熱帯降雨林に存在すると考えられている。熱帯降雨林にどれほどの生物多様性があるか，伝説的な（しかし真実の）話がいくつも伝えられている。たとえば，ペルーのタンボパタ生物保護区に生えている1本のマメ科の木には，26属43種のアリが棲んでいるのが見つかったが，この数は，イギリス諸島に生息するアリの総数に匹敵するものである（Wilson, 1987）。また，ボルネオの森林の1ヘクタール区画には，700種もの樹木が数えられるが，これは，北米の樹木総数と同じである。

　熱帯のサンゴ礁も，また，生物多様性の非常に高い地域である。さらに，アフリカのタンガニーカ湖やビクトリア湖，ロシアのバイカル湖など，内陸にある古くて大きな湖には，固有種がたくさん存在する。しかし，これらの生物多様性の高い地域こそが，まさに急速に破壊の進んでいる環境であり，早急な対策が必要とされる。

2　生物多様性の測定と機能

種多様度の測定

　従来の生態学で種の多様性を測定しようとする試みは，群集の構造とニッチェの分割の研究においてなされてきた。すなわち，ある生態系の中にどれほどのニッチェが存在するか，ニッチェ分割がどのように可能であるときに種数が増えるか，種数の多さはどんな要因によって支えられているか，などの研究のために，種の多様性を測定する必要があったのである。

　現在では，単に種多様度の測定以上の意味で，生物多様性を問題にしているのだが，そして，生物多様性とは，どんな単一の尺度に還元することもできない複雑な全体であると概念的には定義されるのであるが，実際問題として，測定は必要である。本来の多様性と相関の高い，1次元尺度で測れる測定値があれば，異なる地域の比較も可能になる。これまでに使われてきた種多様度の測定法は，それなりに意味があり，便利なものである。

これまでに，種多様度の測定として提案されてきたものは，おもに，❶種の豊富さ，❷優占種への集中度，❸衡平性の3つである。

❶**種の豊富さ**：これは，もっとも単純な測定値であり，ある一定の標本面積中に出現する種の数 S である。S は，種密度と呼ばれることもある。同一の群集から採集したいろいろな標本中の種数は面積が大きいほど増え，標本の面積の対数にほぼ比例する。図1は，島の面積と鳥の種数の関係を示し

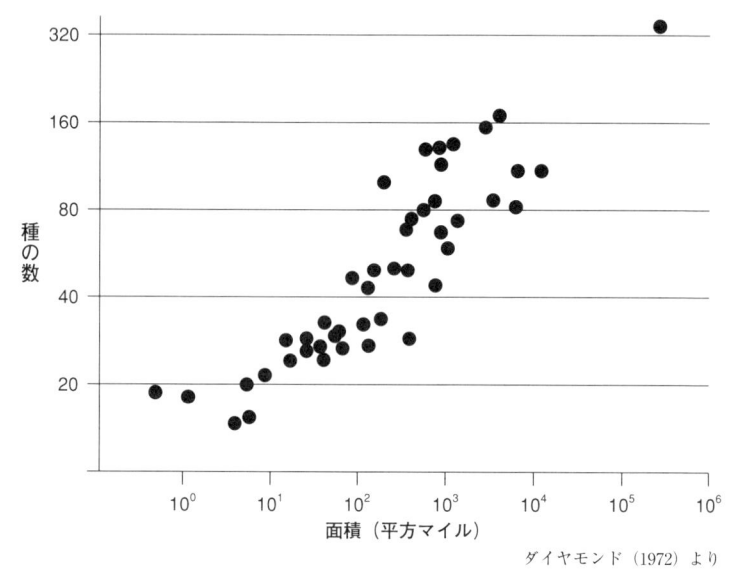

ダイヤモンド（1972）より

図1　ニューギニアの島々の面積と，そこに生息する鳥の種数との関係

たもので，このようなグラフを，面積・種数曲線と呼ぶ。

そこで，

$$S = d \cdot \log A \quad (S：種数，A：面積，d：定数)$$

となり，

$d = S/\log A$ を，種の多様度の比較に使うことができる。

❷**優占種への集中度**：単に種の数をとるだけでも，何らかの役には立つが，同じA, B, Cという3種が存在する場所でも，そこに生息する個体のほとん

どがA種であり，BとCはほとんどいない場所と，A, B, Cが均等に存在する場所とでは，多様性の感じが異なる。つまり，たくさんの種類が存在するほど，そこから1つをとったときに，それがなんであるかを予測するのは困難になるが，それらの種類の中の1つだけがたくさん存在するときよりも，どれもが均等に存在するときの方が，1つをとりだしたときの予測はもっと難しくなる。それを多様度と考えれば，種類数と存在量とを両方加味した測定が必要となる。そこで，この違いを考慮に入れた多様性の測定指標として，シンプソン係数というものが提案された。それは，

$$C = \frac{1}{\sum p_i^2}$$

ここで，p_i は i 番目の種の相対的積算優占度を表す。優占度の傾きが急であれば，多様性が低く，緩やかであれば多様性が高いという傾向がある。

❸ **衡平性**：となりあう種どうしの積算優占度が近いとき，衡平性が高いという。衡平性が高ければ，多様性が高いことと対応するので，これも多様性の一つの指標となる。そこで，シャノン・ウィーナー係数を用いて，これを表すことができる。すなわち，

$$H' = -\sum p_i \ln p_i$$

こうして表現した種多様度は，どのように使うことができるのだろうか？たとえば，鳥の種多様度と，それらの鳥たちが棲んでいる森林の群落構造との関係を見てみよう。シャノン・ウィーナー係数で表した鳥の種多様度と，イリノイ，テキサス，パナマ，およびバハマにおける，草本層，低木層，高木層の被度（%）との関係を見ると，森林の被度が高いほど，すなわち，植物群落の構造が複雑であるほど鳥の種多様度が高い，つまり多くの種の鳥が棲めることがわかった。とくに，植物の被度が80パーセントから120パーセントあたり

へと増えるところ，つまり，群集構造が1層から3層へと増えるところで，鳥の種多様度が急激に増加していることが示された。

生態学的機能と多様性

　ここまでは，伝統的に生態学で用いられてきた種多様度の測定について述べてきた。しかし，生態系の中に存在する生物種は，単に情報理論のビット数で表し尽くせるものではない。生物の各種は，生態系の中でそれぞれ異なる機能をになっているのである。

　P. R. エールリッヒ（1993）は，生物種の絶滅を飛行機のリベットの喪失にたとえた。飛行機の機体はたくさんのリベットで一つにまとめられている。それらのリベットを一つ一つランダムにはずしていくとすると，3個，5個，10個，20個はずしてもまだ飛行機は十分に飛ぶかもしれない。しかし，ある時点で，飛行機は壊れ，飛ぶことができなくなるだろう。

　このたとえは，一見なんの働きをしているのかわからない，いわば「冗長な」種の存在も，実は生態系の維持に重要な働きをしているということを伝えるアナロジーであるが，それぞれの種の果たしている機能的違いは，この中で十分にイメージされていない。

　一方，E. D. シュルツとH. A. ムーニー（1993）は，飛行機ではなくて自動車のアナロジーを用いている。自動車を速く動かすためにエンジン部分が大事であることは明白だが，バンパーなどというものは，車体を重くするだけで無用のように思われる。しかし，比較的低速で自動車が他の物体と衝突したときには，バンパーは大きな役割を果たす。それと同じように，生態系の中で各種が果たしている役割は時間的空間的に異なり，機能的にも異なるので，ある時点，ある見方でみたときには「冗長」であるように見える種も，それぞれに異なる重要な働きがあるのである。こちらの方が，飛行機のリベットよりは適切なたとえかもしれない。

　生物は，必ず他の多くの種とさまざまな相互作用を持ちながら生息しており，

その相互作用が生態系の性質を形成している。同じような資源を利用する種どうしは競争関係にあり，どちらかの種がいなくなると，他方の分布と個体数が劇的に広がることもある。捕食—被食関係，寄生—宿主関係では，どちらかが他方を搾取しており，これも，どちらかがいなくなると，他方に甚大な影響を及ぼす。また，互いに他種の存在が自種の存在にプラスになるような，相互扶助の関係もある。植物と根粒菌の関係や，植物と送粉動物の関係などがその例である。これらのほかに，どちらか片方だけが利益を得たり，片方だけが損失をこうむったりする片利関係も存在する。種間関係は，このように，互いが互いに対して及ぼす関係のネットワークであるので，その一つの種に生じた変化は，めぐりめぐってシステム全体に大きな変化をもたらすのが普通である。

　J. ダイアモンド (1991) は，中米のバロ・コロラド島という小さな島で，およそ50年前に大型捕食者であるジャガー，ピューマ，ワシなどが絶滅したあとに起きた大きな変化の波について記述している。彼らが絶滅すると，ペッカリー，サルなどの中型の捕食者と，アグーチ，ハナグマなど，中型種子食者の個体数が爆発的に増加した。直接に彼らを捕食していた大型捕食者がいなくなったからである。すると，こうして増えた中型動物に卵を食べ尽くされて，3種のアリドリが絶滅した。それから，中型種子食者の個体数増加のために中型の種子が食べられて減少し，今度は，それらと競争関係にあった小型種子植物が繁栄するようになった。

　このような変化のおかげで森林の樹木の種構成が変わった。そして，小型の種子が豊富に存在するようになった結果，小型の種子を食べるネズミその他の小型哺乳類の個体数が爆発的に増加した。すると，それらの小型哺乳類を食べる小型捕食者である，サシバ，フクロウ，オセロットなどが急増したのである。

　生態系に存在するすべての種が，それぞれに必ず異なる固有の機能を果たしているとは考えられない。似たような機能を果たしている種はいくつもあり，それらは，同じ機能グループにまとめられるのだろう。しかし，それらがどれほど似たような機能を果たしており，どれほど真の意味で「冗長」であるのか

についての実証的な研究は，まだほとんど存在しない。

3　絶滅の歴史

地質学的時間で起きた絶滅

地球上の生命の歴史をふりかえると，生物はこれまでに何度か，大きな絶滅を繰り返してきた。有名なのは，カンブリア紀の大絶滅であり，地球規模での温暖化その他の理由により，当時の海生生物の98パーセントもが絶滅したと考えられている。そして，そのあとに，現生の生物につながる多くの系統の生物が進化した。次に有名なのは，白亜紀と第三紀の変わり目での，恐竜の絶滅である。これも，隕石の衝突による地球規模での気候変動が大きな要因と考え

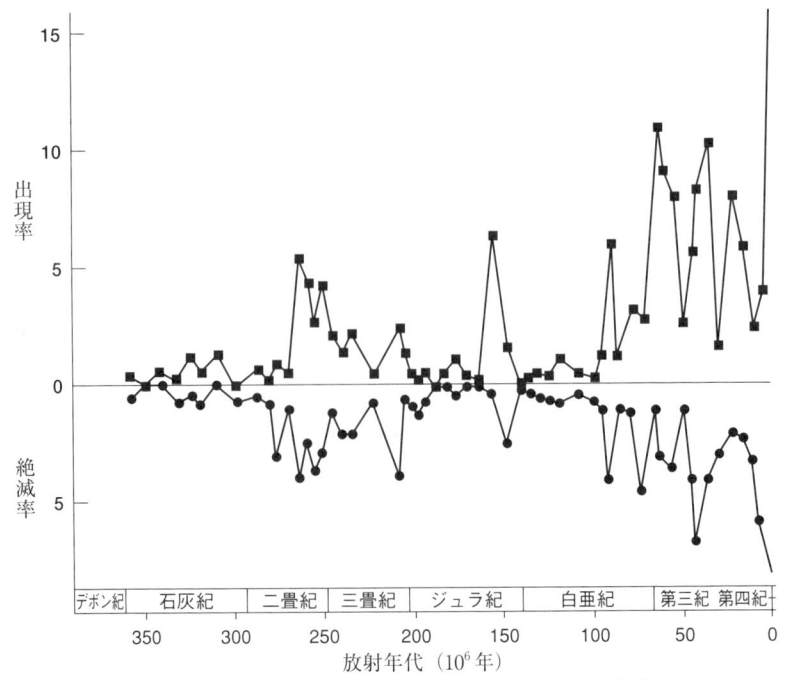

図2　地質時代を通じて起こった，羊膜動物における絶滅と新種の出現

（鷲谷・矢原，1996より）

られている。そして，恐竜絶滅のあとには，哺乳類の大規模な適応放散が生じたのであった。

このように，これまでに地質学的な時間で起きてきた大量絶滅は，地球規模での大きな環境変動に呼応してパルス状に起きており，その後に生じたニッチェの空白を埋めるように，多くの新しい種の進化が伴っていたのだった（図2）。こうして結局は，地球上の生物多様性は徐々に増加してきたのである。

最近の，人類の活動による絶滅

しかしながら，最近の人類の活動による生物多様性の減少は，過去に地質学的時間で生じてきた，このような絶滅とは本質的に異なるものである。近年の絶滅は，地球全体の物理的大規模気候変動の結果として起こっているのではなく，ヒトという1種の生物の活動の結果生じている。それは，生物進化の時間からすれば非常に短い時間で起こっており，空いたニッチェに新しい集団が侵入して種分化を促す時間的ゆとりを与えていない。そして，ヒトという1種の生物だけが増えていくのである。

現在どれほどの速度で生物多様性が失われていっているのかの推定は，現生の種がそもそも何種あるのかも把握できていない状態であるので，きわめて難しい。しかし，それが異常な速度であることは間違いないだろう。維管束植物は，現在25万種が知られているが，過去100年間に絶滅したものがおよそ1000種あり，今後50年の間にさらに6万種が絶滅するだろうという予測がある（Raven, 1987）。昆虫類は，先に述べたとおり，およそ75万種が知られており，熱帯降雨林の樹冠の研究から，まだまだ新種が発見されるだろうとされているが，熱帯林の喪失がおもな原因で，毎年1万7500種が絶滅しつつあると推定されている（Wilson, 1989）。

4 生物多様性保全の理念

　ここまで,生物多様性の実態と,その進化的生態的生成要因について述べてきた。そして,近年,人間の活動によって生物多様性がどれほど失われてきているかも述べた。それでは,生物多様性を守らねばならない価値とする根拠は,どのように説明できるのだろうか？

　それが問題となるのは,人間の欲するさまざまな価値の間に葛藤があるからである。とくに,経済的な発展や快適な生活を求める活動は,生物多様性を減少させ,現世代の私たちが快適な生活を楽しんだ結果,将来世代の享受するべき生物多様性が減少する。そこで,生物多様性の価値について検討しておかねばならない。

　生物多様性の価値については,生物多様性の減少,生物種の大量絶滅は,ヒトの生存環境を劣化させるものであるので,ヒトの快適な存続のために残さねばならないという考え方が一つある。生物多様性は,これまでに述べたように,地球生命圏が自浄作用をもってシステムを維持してきたことの背後にある。水,大気の組成,気温,世界の気候パターン,元素の循環など,地球の生命維持装置がうまく働いてきたのは,さまざまな生物が生物間相互作用を及ぼしているからである。

　というよりも,さまざまな生物間相互作用によって変遷しながら存続してきた地球生命の一部に,私たち人間がいるのである。そこで,この地球の生命維持装置をうまく働かせることが,ヒトの快適な存続のために不可欠ということになり,生物多様性を保全せねばならないことになる。

　この考え方は本質的に人間中心であるが,生物多様性の価値を,ヒトにとって快適な環境の維持のためとすると,快適な環境維持のためにそれほど大事ではない種は,他の価値との葛藤が起きたときには絶滅させてもよいことになる。つまり,快適な環境維持に対して各生物種がどれほど重要な働きをしているかによって,種間に序列をつけることになる。実際問題として,そのような序列

をつけられるほど，生態系に関して十分正確な知識を私たちはまだ持ち合わせていないが，本質的には，序列づけが可能だということになる。

　生物多様性の価値についてのもう一つの考えは，生物資源には，直接，間接にさまざまな価値があるとするものである。多くの生物資源は，ヒトの食料，燃料，生活材料，医薬品の原料などとして実際に使われている。また，使用，消費されるのでなくても，国立公園の景観，バードウォッチング，リゾートなど，ヒトの心に安らぎをもたらし，美的感覚を満足させてくれるという価値もある。また，現在はこれらのどの価値も見出されていない生物種にも，将来，どのような利用価値が発見されるかはわからない。そこで，これらの利用価値のために，生物多様性を保全せねばならないという考えである。

　これも，本質的に人間中心であり，ただちに，利用価値の重要さに応じて生物種間のランクづけを許す考えである。また，食料，燃料，生活材料として，人工物で代替できるものが発明されれば，自然の生物種の存在価値はなくなるのか，という問題も残す。

　将来に発見されるかもしれない価値という点で，よく引き合いに出されるのは，植物に含まれているさまざまなアルカロイドなどの，医薬品としての利用価値である。しかし，これに対しては，分子の形をコンピュータでシミュレーションする方法が進むと，実際に未知の成分を植物から抽出するような手法は，もういらなくなるかもしれないという議論もある。

　心のやすらぎや美的感覚に対する価値の議論は，もう少し広げて，ヒトが今ある文化を作り上げた背景には，このような生物多様性を持った環境に取り囲まれていたことが大事なので，物質的な利用価値ばかりでなく，ヒトの精神文化の基盤として生物多様性は重要であると主張することもできる。しかし，これに対しても，文化は変遷し，ヒトは別の価値を選び取る自由があるとすれば，重要性の根拠は減ることになる。

　生物多様性に対する第3の価値は，ヒトの利用や経済的価値を超えた，生命の存在価値である。すべての生物は，ヒトも含めて地球上での40億年の進化

の産物であり，ヒトは，このような多様な生命を自らの手で作り出すことはできない。既知のものだけで150万種にも及ぶさまざまな多様性，および，種内での遺伝的多様性，もっと上のレベルでの多様性は，すべて，ヒトの力量を超えた過程によって生成され，維持されてきたものである。そして，ヒトという種も，その中の1種にすぎない。そこで，このような所与の存在としての生物多様性は，それ自体に，ヒトが計る経済的価値を超えた倫理的価値があるとする考えである。

これは，すべての人間の命は同等に先験的に価値があるとする考えと共通している。個人の間には，社会的な貢献度や経済生産性において差異があり，その人しかできない仕事をしている人もいれば，誰かほかの人で代替できる仕事をしている人もいる。しかし，個々の人間はそれぞれに生命の歴史をしょって生まれてきた存在であり，人間は，個人を二度と再び作り直すことはできない。そこで，すべての人の命は，同等に倫理的価値が認められている。同様に，生命圏全体で見たときの人間の存在は，他のすべての生命と等しく，すなわち，他のすべての生命にも，先験的価値があるとする考えである。

人間中心の，しかも短期的な経済的価値の追求にのみ焦点をおいていた時代は終わり，いまや，より深く生物としての人間の存在を考える時代にはいった。そうしなければ，本当に私たち人類の存続が危うくなるかもしれないのも事実ではあるが，知識が進むとともに，人間の視野が広くなってきたのも事実である。1982年に国連で採択された世界自然憲章は，ヒトも自然の一部であり，すべての生命が同等に尊厳をもって扱われるべきであると謳っている。

保全生物学，保全生態学は，このような生命の先験的価値に基づいて，生物多様性の保持への貢献を使命とする学問である。通常，純粋科学は，自然現象の描写と理解を目指すものであり，価値中立であるといわれる。それに対して，応用科学は，ある目的，使命をもった試みである。生理学が，人体の生理学的機構を描写し，理解することが目的であるとするなら，外科学は，人の命を救うことが使命の応用科学である。

その意味で、保全生態学と生態学は、外科学と生理学のような関係にあるといってよいだろう。外科学の発展には生理学の発展が必須であるように、保全生態学の発展には、その基礎科学である生態学の発展が必須である。しかし、外科学が、ときとして、人の命を救うためには、まだよくわからない事態に対してもなんらかの行動を起こさねばならないのと同様、保全生態学も、生物多様性の保全という使命のためには、よくわからない事態に対して、行動を起こすことが迫られている。

その成果をより確かなものにするためには、基礎科学の発展を促すとともに、人間活動による地球環境への負荷を最小限にとどめる努力をしていくことが必須である。ヒトは、他の哺乳類には見られないほどの大きな脳を進化させた。その進化の原動力がなんであったのかはともかく、ヒトは、その脳の活動によって科学と技術を発展させ、地球全体を改変するほどの大きな力を持つようになった。また、ヒトは、その洞察力と理解力により、自らの活動が生態系におよぼす影響を認識することもできる。このような生物がほかには1種もいないのであるから、自らの行動を制御し、他の生物の存在を配慮することは、ヒトという種の義務であると言ってもよいだろう。

<引用文献>

Diamond, J. (1972) Biogeographic kinetics : estimation of relaxation times for avifaunas of Southwest Pacific Islands. *Proceedings of the National Academy of Science* 69: 3199-3203.

Diamond, J. (1991) *The Rise and Fall of the Third Chimpanzee*. (ジャレド・ダイヤモンド著(長谷川眞理子・長谷川寿一訳『人間はどこまでチンパンジーか』, 新曜社, 1993)

Ehrlich, P. R. (1993) Forward. Biodiversity and ecosystem function : Need we know more? In *Biodiversity and Ecosystem Function* (eds. Schultz and Mooney), pp. vii-xi, Springer-Verlag, Berlin.

Gaston, K. J. (1991) The magnitude of global insect species richness. *Conservation Biology* 5: 283-296.

Noss, R. F. (1990) Indicators for monitoring biodiversity : a hierarchical approach. *Conservsation Biology* 4: 355-364.

Raven, P. H. (1988) The scope of the plant conservation problem world-wide. In *Botanic Gardens and the World Conservation Strategy* (Bramwell, Hamann, Heywood & Hynge, eds.), pp. 12-29.

Academic Press. London.

Schultz, E. D. and Mooney, H. A. (1993) Ecosystem function of biodiversity: a summary. In *Biodiversity and Ecosystem Function* (eds. Schultz and Mooney), pp. vii-xi, Springer-Verlag, Berlin.

Soule, M. E. ed. (1985) *Conservation Biology: the Science of Scarcity and Diversity*. Sinauer Associates, MA.

Odum, E. P. (1971) *Foundations of Ecology*. (E. P. オダム著（三島次郎訳）『生態学の基礎　上・下』, 培風館, 1974, 1975）

Whittaker, R. H. (1975) *Communities and Ecosystems*. (R. H. ホイッタカー著（宝月欣二訳）『生態学概説』, 培風館, 1979）

Wilson, E. O. (1987) The arboreal ant fauna of Peruvian Amazon forest : a first assessment. *Biotropica* 19: 245-251.

Wilson, E. O. (1989) Threats to biodiversity. *Scientific American* 261: 108-116.

Wilson, E. O. ed. (1988) *Biodiversity,* National Academy Press.

＜参考図書＞

鷲谷いずみ・矢原徹一：(1996)『保全生態学入門』, 文一総合出版

8 生物界と生態系

櫻井 英博

1 生物が自然界に占める地位とその特色

生命現象は物理法則に従う
生物は情報を蓄積できるという点で，無生物にない特徴を持つ

　地球を含む宇宙全体を支配しているのは，物理法則である。化学は，物質を主要な研究対象としているが，化学法則は広い意味で物理法則に含まれ，物理学と化学の間に厳密な境界はない。生物は，地球上の物質の存在様式の一つであり，生物の体内で起こる諸変化は物理法則に則っている。生物の体で起こっていることがらは，ヒトの運動や脳の活動などの複雑なものを含めて，物理法則に何ら矛盾するものではない。しかし，生物には石や水などの無生物にはない特徴がある。それは遺伝情報を持ち，子孫を残す（自己増殖する）能力を持っていることである。遺伝情報は，物質的なものであり，現存の生物ではＤＮＡ（デオキシリボ核酸）と呼ばれる物質がこれを担っている。（図１）

　地球は約46億年前にできたといわれるが，その頃の地球上に生物は存在しなかった。やがて自己増殖能力を持った物質系が出現してきたが，その科学的証拠は今から32〜35億年前にまでさかのぼることができる。物質情報は複製されて子孫に伝えられるが，一部は変化しうるので，次第に情報が蓄積・多様化して現在の複雑な生物へと進化してきた。すなわち，現存の生物は数十億年にわたる物質情報蓄積の所産である。岩石などは，生物と同様に歴史的存在で

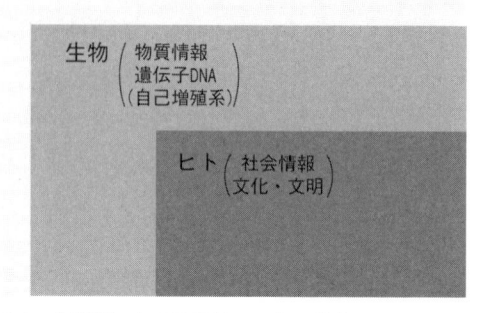

図1 自然界に占める生物,ヒトの地位
生物は,物質系でありその活動は物理法則に従うが,物質的遺伝情報を持つという点で無生物にはない特徴を持っている。人体は遺伝情報に支配されているが,人類社会は物質情報の拘束から解き放たれた社会情報(文化,文明)に依存することにより急速に発展している。

あるが,生物と異なり,情報の蓄積化はなく,自己増殖の能力もない。

ヒトは生物なので遺伝情報を持ち,その生存は遺伝情報に大きく支配されているが,他の生物と顕著に異なるのは物質的束縛から解き放された社会情報に基づく文化を持っている点である。文化とそれが物質的なものに働きかけることによって生じた技術的,物質的所産である文明とが相まって,人類社会は急速な発展をとげている。生物進化の原動力の一つは突然変異であり,突然変異は偶然的に起こるので,生物の進化の方向を完全に予測することは原理的に不可能である。われわれヒトも生物の一員であるから,文化の変化の方向や,社会の変化の方向も決して一義的に決まっているわけではない。

生物は細胞から構成されている

生物の体は,細胞からできている。動物,植物は一般に多数の細胞からできており,多細胞生物とよばれる。これに対し,細胞1個だけからできている生物(個体)もおり,これらは単細胞生物とよばれる。細胞は,細胞膜によって

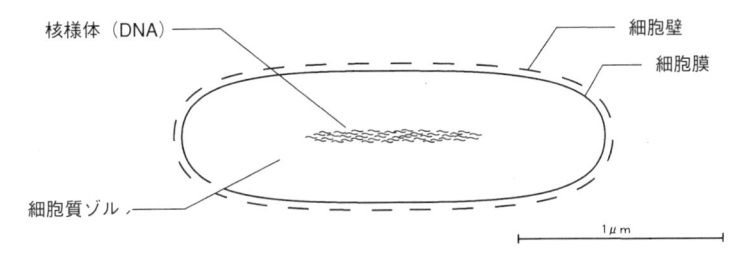

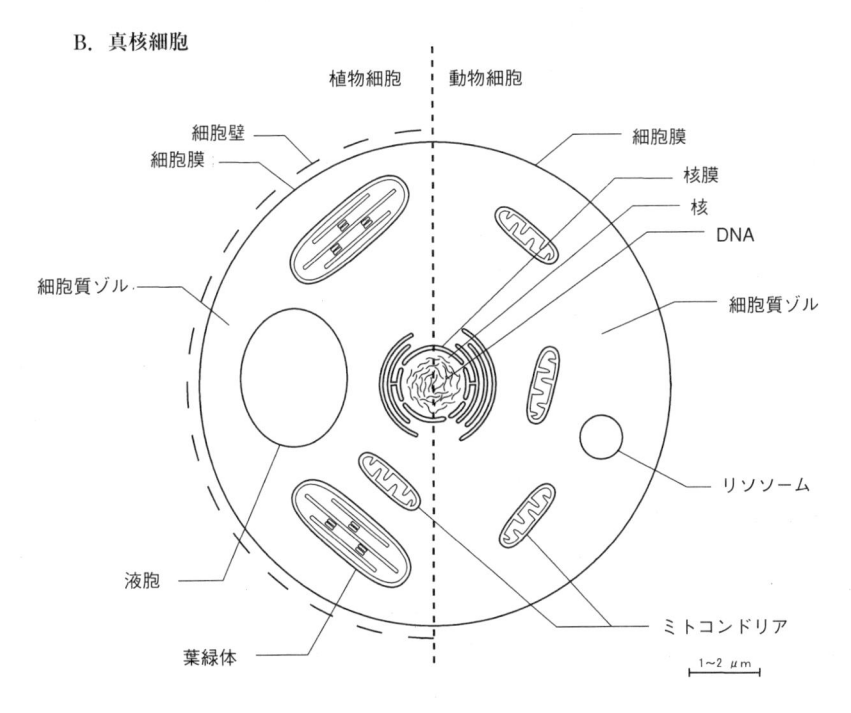

図2 細胞の概念図（原核細胞と真核細胞） 個々の生物（生物個体）は，細胞からできている。個体は，細菌のように細胞1個からできているもの（単細胞生物）もあれば多数の細胞からできているもの（多細胞生物）もある。細胞は，核膜に包まれた核の有無により真核細胞と原核細胞に分けられ，前者は後者から進化したものと考えられる。細胞質ゾルには，さまざまな酵素や酵素作用を受ける物質（基質）などが含まれている。真核細胞では膜構造が発達し，さまざまな細胞小器官（オルガネラ）が機能を分担している。たとえば，ミトコンドリアは細胞呼吸によって活動に必要なエネルギーを供給し，植物では葉緑体が光合成を行う。細胞は互いに共通点も多いが，相違点もあり，この差が集積して異なる組織，器官，個体となる。

8 生物界と生態系

囲まれている点は全ての生物に共通である。しかし，さらに細かく見ると遺伝子ＤＮＡが核膜によって囲まれているものといないものがあり，それぞれ真核細胞と原核細胞という。単細胞生物のうち，乳酸菌や大腸菌は原核生物（原核細胞からできている生物）であるが，コウボ菌（イースト）やアメーバなどは真核生物である（図2）。多細胞生物は，一般に真核生物である。多細胞生物の体は多様な細胞からなるが，これを分化した細胞からできているという。たとえば，ヒトの体は，筋肉細胞，骨細胞，表皮細胞，神経細胞などの多種類の細胞によってつくられていて，細胞の数は約60兆にも達する。一つの生物個体では，さまざまな細胞の持つ遺伝子は基本的に同じだと考えられるのに細胞が分化しているのは，外界の物質的情報（温度，光のほか周辺にどのような物質，細胞があるかという情報を含む）などの影響のもとに，それぞれの細胞ごとに活動する遺伝子の情報に差があるからである。大まかにいうと，ある細胞ではａという遺伝子が働いてタンパク質Ａが多量にできるが，隣の細胞ではこの遺伝子が働かないのでタンパク質Ａもできず，このような差が蓄積することによって細胞の性質に差が生じる。

細胞を構成する物質

細胞を作っている主な物質は，水，タンパク質，糖質（炭水化物など），脂質（リン脂質，糖脂質など），核酸（ＤＮＡ，ＲＮＡ），塩類などである。タンパク質の重要な働きは，酵素として化学反応の触媒となることであるが，この他に細胞の形をつくる構造タンパク質としての役割もある。糖質は，デンプンやグリコーゲンのようにエネルギー源になるほか，細胞の表層を覆って構造を保持しているものもある。脂質というと体脂肪やサラダオイルを思い浮かべる人が多いと思うが，これらは貯蔵物質であり，生物にとってより重要なのは細胞膜や核膜などの生体膜の構成成分となっているリン脂質や糖脂質などである。これらの脂質は疎水性部分の他に親水性部分も持つので両親媒性脂質とも呼ばれ，細胞内でサンドイッチ状の2層構造（脂質二重層）をとりやすい（図3）。

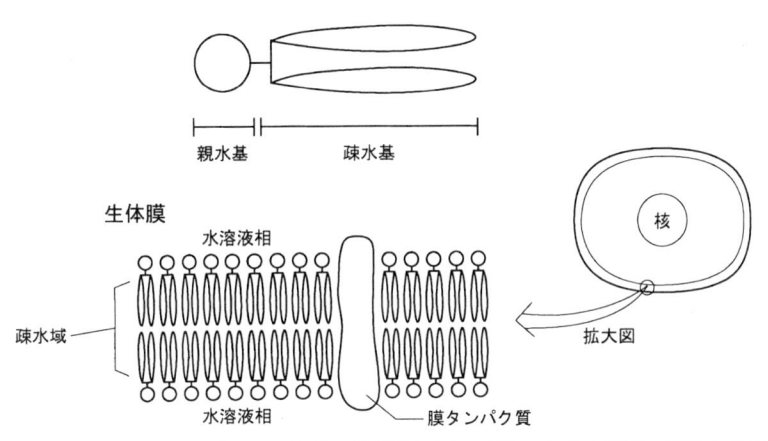

図3 生体膜と両親媒性脂質（リン脂質，糖脂質など） 細胞のような複雑な構造も遺伝子の働きによって作られる。たとえば図2に示した膜構造の素材はリン脂質やタンパク質で，これらの素材は水溶液に溶けているよりも膜構造を作った方がエネルギー的に安定なため自発的に膜構造を作りやすい。生物の体を作り上げている物質は，ひとりでに立体構造を作り（自己構築性），さらに集合する（自己集合性）ような性質を持ったものが多く選ばれている。

この場合，疎水性部分同士が向き合って中心部分を作り，親水性部分は表層で水に接している。脂質二重層には多くのタンパク質が貫通しており（膜タンパク質），全体としてみると脂質の海にタンパク質がかなりの密度で点在するモザイク状の構造となっている。このような構造をした生体膜は，膜内外の仕切りとなって，内容物を保持し，また外にある物質の流入を阻止している。他方，生体膜の仕切りは完全ではなく，膜にあるタンパク質が外部と物質や情報のやり取りをしている。膜にあるタンパク質には，動物の消化管や植物の根の細胞では栄養素をエネルギーを消費して吸収し（能動輸送という），感覚器官の嗅細胞の細胞膜では外来の物質と結合してその信号を細胞に伝えるなど，それぞれの細胞ごとに極めて多様な働きが見られる。また，光合成や細胞呼吸のエネルギー変換にも，生体膜とそこにあるタンパク質が重要な役割を演じている。

生命の起源に関する説

▶ パスツールの実験：昆虫や哺乳類などの動物，草や木などの植物に比べると，細菌は体の作りも，外界の変化に対する反応性も一般に単純である。19世紀半ばまでは，細菌のように簡単な生物は栄養物に富んだ適当な環境があれば自然に湧いて出るという考え（自然発生説）があったが，パスツール（L. Pasteur）は次のような厳密な実験によってこのような考えを否定した（1862）。彼は，スープの入ったフラスコを放置しておくと腐る（細菌が繁殖する）が，煮沸した状態でフラスコの口を封じるといつまでたっても腐らないことを示した。これに対し自然発生説論者から，「腐らないのはフラスコ内で新鮮な空気が不足しているためだ」という批判がなされた。そこで彼は，フラスコの口をガラス細工によって伸ばして先端を上に曲げた装置（「白鳥の首」と呼ばれる）をつくり，スープを煮沸させたのち冷すと，スープは外界の新鮮な空気と連絡しうるのに細菌が繁殖しないことを実験的に証明した。この実験によって，素朴な自然発生説は否定され，細菌のように簡単だと思われる生物にも親の遺伝情報が必要であることが確立された。（表1）

▶ オパーリンの説：地球の歴史は46億年前にさかのぼることができるが，できたばかりの地球は灼熱したガスのかたまりで，生物が生存できるよう

表1 生命の起源に関する説

1828	F. Wöhler	シアン酸アンモニウム（NH_4OCN）から尿素（$H_2NC(O)NH_2$）を合成（有機化合物の合成が生物なしでも起こる）
1859	C. Darwin	進化論（生物は万古不変ではなく，進化しうるものである）
1862	L. Pasteur	素朴な自然発生説を否定する実験（細菌のように簡単な生物にも親がある）
1897	Buchner兄弟	コウボの無細胞抽出液でアルコール発酵（この様に複雑な反応にも生きたコウボは必要なく，コウボに含まれる物質があれば起こる）
1936	A.I. Oparin	生命の起源に関する化学進化の考え（生物の働きによらずに合成された有機物の複雑化によって，次第に生物としての性質をそなえた物質系が形成された）
1953	S.L. Miller	気体の火花放電による有機化合物の合成（原始地球において生物がいなくても，有機化合物が合成されることの可能性を実証）
1953	J. Watson, F.H.C. Crick	DNA二重ラセンモデルの提出（遺伝子の本体はDNAである）

な状態ではなかったと考えられる。しかし，現在の地球上には500万種とも3000万種ともいわれる多様な生物が生存している。では，これらの生物の親はどのようにして地球上に出現あるいは移住してきたのか。仮に一匹の親が地球上に現れたとすれば，それ以降は，遺伝的変異（突然変異）とダーウィン（C. Darwin）が「進化論」で明らかにした自然の選択によって，多様な生物が進化してきたと説明することもできよう。地球上の全生物の祖先となったものの起源を他の天体から移住してきた生物に求めようとする考えも一時あったが，この考えは，その天体で生物がどのようにして生じたのかという問に答えることはできず，堂堂巡りの議論となる。オパーリン（A. I. Oparin）は，地球上で生命が誕生するに先立って，まず生物の素材となる有機物が自然界に存在するエネルギーの働きによって生物の働きなしに合成され，これが蓄積，複雑化して次第に生命とよばれるような物質系が形作られていったと説明した (1936)。彼の説は，広い文脈では生命の自然発生説だといえよう。生命の出現は，実験室で確認できるような短時間でなく，おそらく数億年という長い歳月をかけて物質が徐々に複雑化していった結果だと考えられる。生物進化には偶然的要素もあるので，生命の起源と進化を実験室で完全に再現することはできない。

▶ **ミラーの実験**：ミラー（S. L. Miller）は，原始地球の大気組成に近いと当時考えられていたメタン（CH_4），アンモニア（NH_3），水素（H_2），水蒸気を含む気体をガラス容器に入れて放電を行うと（雷の模倣），アミノ酸などの有機物が合成されることを実証した。その後，紫外線や放射線の照射，加熱などによっても，さまざまな有機化合物が合成できることが示され，これらのことから，生命誕生に必要な素材が生物の存在なしに合成されたことは間違いないと考えられる。現在の地球では，圧倒的に多くの有機物は光合成生物の働きによって合成される。しかし，生物が存在しなかった太古の地球では，環境中の熱，放射線，紫外線，放電などのさまざまなエネルギーの作用によって有機物が合成され，これが蓄積して自己増殖能力

を持つ物質系（生命のもと）が次第に形成されて行ったと考えられる。生命誕生に最も貢献した合成反応が何であるかについては，未だ定説がないが，地殻からの噴出物に含まれる有機物，水素，硫黄化合物などをその候補に考えている人もいる。

有機物が複雑化し，やがて両親媒性脂質が合成できるようになれば，これが細胞膜のように閉じた構造体をつくり，原始的細胞のもとになったと考えることも可能であろう。

生物の発展と地球環境に与えた影響
最古の生命に関する証拠

生物の存在を示す最も古い証拠としては，1990年代に西オーストラリアの地層から見つかった微化石があり，32～35億年前のものといわれる。この微化石を顕微鏡で見ると，現存のラン色細菌（酸素を発生する光合成生物。別名：シアノバクテリア，藍藻類）に近い形のものが見られると報告された。しかし，この解釈は現在では修正され，ラン色細菌に似た形を示すのはごく一部であって大多数はそのような形をせず，生物の存在の証拠となるものではあるが，ラン色細菌の存在の証拠としては必ずしも認められなくなっている。その後，グリーンランドの35～38億年前の地層から最古の生命の痕跡が見つかったという報告が出された。これは，岩石中の炭素の同位体比（$^{13}C/^{12}C$）の偏りが無機物のものからずれているので，酵素のような生体触媒の存在を考えざるをえないというものであった。しかしその後，測定に用いた標本が必ずしも35～38億年前のものとは認められないという反論がなされている。最古の生物の存在証拠としては，この他にもいろいろな説があるが，現時点では，少なくとも32～35億年前には既に何らかの生命が存在していたという証拠が確からしいといえよう。（表2）

光合成生物が大気の酸素をつくった（作用と反作用）

原始地球の大気はCO_2（二酸化炭素）を多く含み，O_2（酸素）はほとんど含

まない嫌気的なものであったと考えられている。ところで，約27〜28億年前

表2　生命の起源と進化，人類の出現

約46億年前	地球誕生
35〜38億年前	炭素同位体比率（$^{13}C/^{12}C$）から生命の存在を示す痕跡が見つかったと報告されたが，後に否定的評価も
32〜35億年前	生物の存在を示す微化石。最初は光合成生物起源のものといわれたが，後に否定的評価。非光合成生物のものと思われる
27億年前	酸素発生型光合成生物の活動を示す痕跡，ストロマトライト（これ以降大規模に出現）
10億年前	真核生物の最古の化石
7.5億年前	地球表面が大規模に凍結（仮説）（Snowball earth hypothesis）
6億年前	カンブリア紀（生物相の多様化が顕著に）
3億年前	哺乳類の祖先が両生類から分化
6〜7000万年前	恐竜の絶滅，低CO_2濃度に適応した植物（C4型光合成生物）の出現の契機に（1000万年前頃から多面的に出現）
550万年前	ヒトの祖先がチンパンジーの祖先から分化
20万年前	新人（ホモサピエンス）が旧人から分かれる
14万年前	アフリカ系人種（ニグロイド）とアジア・ヨーロッパ系人種が分かれる
7万年前	アジア系人種（モンゴロイド）とヨーロッパ系人種（コーカソイド）が分かれる

頃から，当時浅海だったと推定される地域に鉄（Fe）が縞状鉄鉱鉱床（ストロマトライト）となって堆積するという現象が起こり始めた。世界の大規模鉄鉱床はこの型に属するものが大部分であるといえるほど，堆積は極めて大規模に起こった。3価の鉄（Fe^{3+}）は2価のもの（Fe^{2+}）にくらべて水に大変溶けにくく（水に対する溶解度が低く），鉄が堆積した原因は酸素発生型光合成を営むラン色細菌が大規模に活動を開始したことによると解釈されている。

光合成による酸素の発生　　$CO_2 + H_2O \rightarrow (CH_2O) + O_2$
　（(CH_2O) は有機物を表す）
酸素による鉄イオンの酸化　$4Fe^{2+} + 4H^+ + O_2 \rightarrow 4Fe^{3+} + 2H_2O$
酸化された鉄イオンの沈殿　$4Fe^{3+} + 12OH^- \rightarrow 4Fe(OH)_3 \downarrow$

酸素発生型光合成生物の活躍によって発生した酸素は，最初の内は鉄や硫黄化合物などに吸収されていたが，海水中の還元型の鉄が枯渇するにつれて大気中に放出されるようになり，水中及び大気中の酸素濃度が次第に高くなってい

った。これにより、酸素呼吸をする生物が進化する基盤ができたが、その二次的影響はさらに広く及んだ。紫外線はＤＮＡ分子を破壊し、突然変異を高頻度でひき起こしやすい。これまでは、大気中に紫外線を吸収するガスがほとんどなかったため地表に到達する紫外線が強く、生物は紫外線を吸収し防御してくれる水中でしか生存できなかったと考えられる。大気中の酸素濃度が高くなることによって上空にオゾン層が形成され、オゾンは有害な紫外線を吸収してくれるので、植物で海から陸に上がるものが出てきた。植物の陸上への進出を追うようにして動物も陸上へあがり始め、生育環境の多様化と共に生物相も多様化していくが、これは約6億年前のカンブリア紀から顕著になった。（地質年代については口絵参照）

大気、土、水、太陽、温度などの無機的環境は生物の生存に大きな影響を与えるが、生態学ではこれを生物に対する作用とよんでいる。逆に、上例のように生物の活動も無機的環境に影響を与えているが、これを反作用という。

CO_2濃度低下の影響

生物の働きは酸素ばかりでなく、炭素化合物の濃度にも影響した。光合成生物の体を作っている有機物の一部は動物によって食べられ、動物の呼吸によって再びCO_2となって、環境中に放出される。しかし、食べ残された遺骸の一部は地中、水底に堆積し、石炭や石油のもととなった。また、植物プランクトン、動物プランクトン、甲殻類などには、炭酸カルシウムの殻を持つものがあり、その遺骸と共に炭酸カルシウムが沈殿して石灰岩のもととなった。生物のこうした作用が一因となって、大気中のCO_2濃度は次第に減少していった。今から6～7000万年前の白亜紀の終り頃になるとその濃度低下は顕著になり、植物では光合成による炭素同化経路としてこれまでのＣ3型を持つもの（イネ、コムギ、ダイズなど）に加えて、低いCO_2濃度に適応したＣ4型を持つ植物（サトウキビ、トウモロコシなど）が大規模に出現してきた。CO_2は地表から赤外線として逃げていく熱を吸収する温室効果ガスであり、地球表面の温度維持に影響する。大気中のCO_2濃度低下によって地球の寒冷化が起こるから、

白亜紀末期の恐竜の絶滅にはCO_2濃度の低下も原因の一部となっているかもしれない。なお，これよりずっと前のカンブリア紀前にも地球の一部またはほとんど全部が氷河で覆われていた時期があり，雪球地球，全球凍結などと呼ばれる。生物の面から見ると，それ以前から生存していた光合成生物ラン色細菌は，この時期を生き延びて系統を保つことができたと考えられる。完全に全球凍結が起これば深海に光は到達せず生物も存続できなかったと考えられるので，氷結も地球を完全に覆うには至らなかったか，全球凍結が起こった場合でも火山活動によって氷が部分的に融けた微環境が一部に残されていたかによって，生物が生き延びられたのではないかと想像されている。

2　生態系

生態系の構成要素

生物はそれぞれが好き勝手に生きているようにも見えるが，全体として見ると，他の生物や環境と相互作用しながら生きている（図4）。草，木，藻類などの植物は，光をエネルギー源として利用して光合成によってCO_2から有機化合物をつくり，光独立栄養生物に分類される。鉄バクテリアや硝酸バクテリアは，鉄や亜硝酸などの無機化合物の酸化によって得られるエネルギーを利用してCO_2から有機化合物をつくる。これらの生物は化学独立栄養生物で，その作用を化学合成というが，量的に光合成に比べればはるかに小規模である。光独立栄養生物や化学独立栄養生物は，有機化合物を自分でつくり出すことができるので生産者とよばれる。昆虫，魚，鳥，獣などの動物は，生産者がつくった有機物に直接，間接に依存して生きている従属栄養生物で，生態学的には消費者とよばれる。植物を直接食べる草食性の昆虫，鳥，哺乳類，軟体動物，動物プランクトンなどは一次消費者，草食性の動物を食べる肉食動物は二次消費者，さらにこれらの肉食動物を食べるものは三次，四次などの高次消費者である。一方，枯葉や，動物の糞，死骸などは，次第に分解されて形が無くなるが，

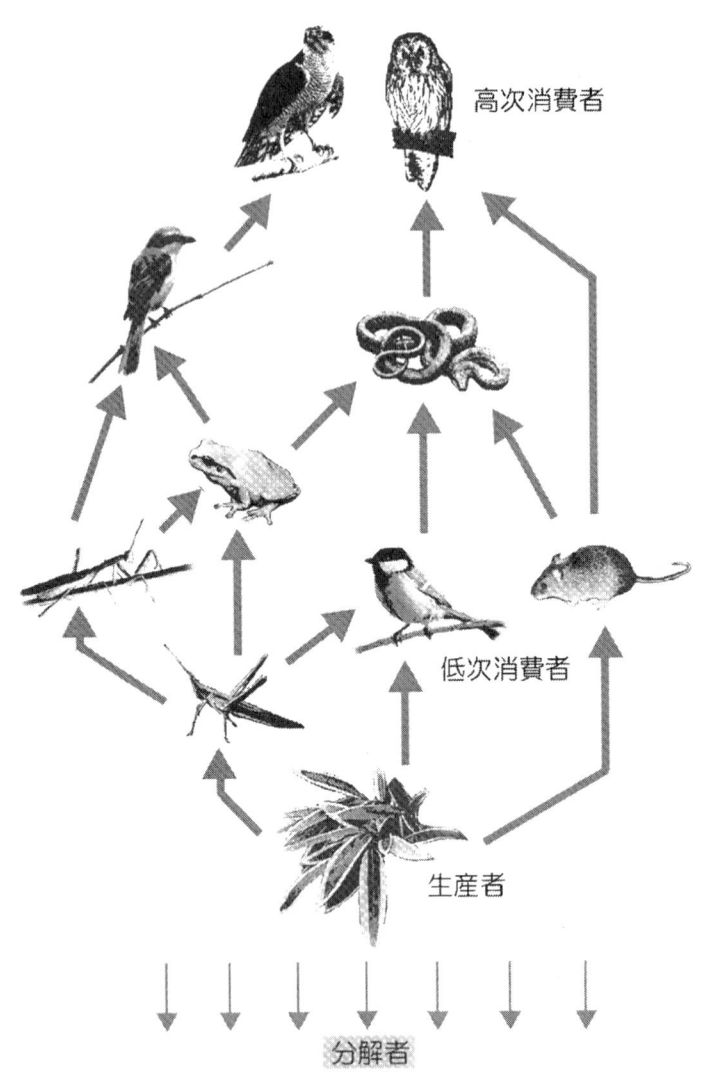

図 4 生態系における生物の相互関係（食物網）　生物は互いに依存し合って生きている。エネルギーや物質の流れで見ると，光合成をする生産者（植物），植物を食べる草食動物（一次消費者），草食動物を食べる肉食動物（二次消費者），それらを食べる高次消費者，さらに生産者・消費者の遺体や排泄物を食べる分解者がいて，食物網（食物連鎖とも言う）を形成している。これに無機的環境要因（土，水，空気，光，温度など）を加えて，物質の循環がほぼ成りたっているような大きさの対象全体を生態系という。生態系には，森林，草原，砂漠，海などいろいろあるが，いずれも生物的構成要素として必ず生産者，消費者，分解者を含んでいる。

これはヤスデ、ナメクジなどの小動物や、カビ、細菌などの微生物の働きによるもので、これらの生物は分解者とよばれる（微小消費者という言い方もある）。さまざまな生物が関与するこのような食物の流れを、食物網（または食物連鎖）という（図4）。ある程度の広がりを持った地域、たとえば、志賀高原、琵琶湖などにはそれぞれの環境に特徴的な生物が住んでいて、物質の循環がほぼ成り立っている。物質循環系がほぼ成り立っているような広い地域を対象として考え、そこに住む全生物と生物以外の無機的環境とをひっくるめて生態系という。どんな生態系も、生物的構成要素として生産者、消費者、分解者を必ず含んでいる。

生態系ではエネルギーは一方向的に流れ、元素は循環する

生態系のエネルギーの主要な源泉は太陽光であり、太陽光エネルギーは生産者の働きで化学エネルギーに変換されて生産者の体をつくり、その有機物は一次消費者、二次消費者、高次消費者、分解者へと移動するが、これに伴って化学エネルギーも移動する。それぞれの生物の活動にはエネルギーが必要であり、消費された有機物のエネルギーは仕事に伴う熱となって環境中に排出され、結局は赤外線（熱線）の形で宇宙空間へと放出される。このように、生態系におけるエネルギーの流れは一方向的である（図5）。

これに対し、元素の流れは、元素それぞれの経路は違うものの、循環的であり、循環にはさまざまな生物が関与している。

炭素（C）は、大気中のCO_2が生産者である光合成生物によっていったん有機物中に固定されたのち、食物網を通して消費者、分解者などの他の生物に取り込まれるが、この間、それぞれの生物の呼吸によりCO_2となって再び大気中に戻る。生物の体をつくっている物質量をバイオマス（生物量）といい、乾燥重量で表すのが一般的である。陸上生態系では、バイオマスは生産者から一次、二次、三次消費者へと移るに従って次第に減少し、多くの場合生産者のものを100とすると、それぞれおよそ10、1.5〜2.5、0.2〜0.5程度となる。ワ

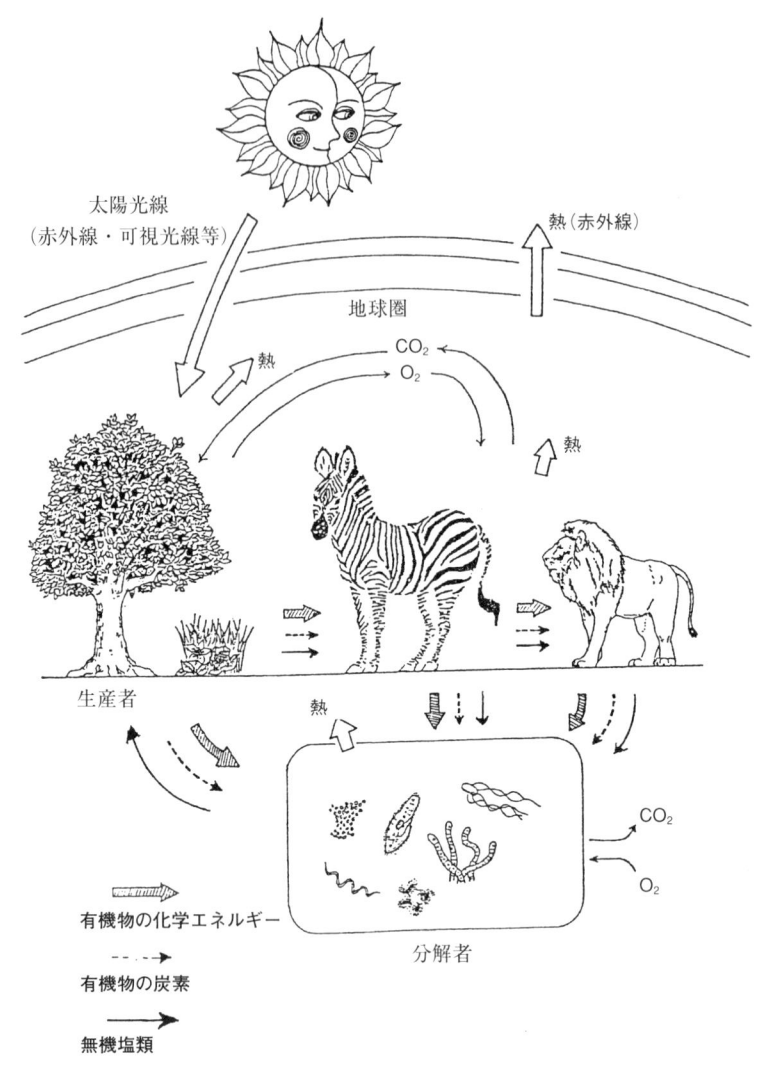

図5 生態系におけるエネルギーと物質の流れ

生態系では，エネルギーの流れは一方向的で，生産者が取り込んだ太陽光エネルギーは，結局は熱となって宇宙空間に放出される。これに対し物質の流れは循環的で，それぞれの元素ごとに異なる経路をたどる。例えば，炭素は大気中の CO_2 が光合成により生産者に取り込まれて有機物となり，食物として有機物の形で消費者，分解者に渡り，これらの生物の呼吸により再び CO_2 となって大気に戻る。リンなどの栄養素は，土壌や水より生産者に取り込まれ，食物として消費者，分解者に渡り，分解者の働きで栄養塩類の形になって無機環境中に戻り，植物が再び利用できる。

シ，タカなど高次消費者は，バイオマスが小さく，しかも大型動物であるから一定地域に生息する個体数も少なく，絶滅の危機にさらされがちである。

　生物相が安定しているときは，元素の循環系もつりあいがほぼ保たれ，生態系の持続性が保たれている。しかし，非常に長期的に見れば，石炭や石油が生物の遺骸からできたという例から分かるように，循環系も完全には機能しないため地球環境は徐々に変化している。

人類の活動による生態系の撹乱
自然生態系の中から出現した人類

　先に述べたように約6億年前のカンブリア紀頃から，生物相の多様化が顕著になったが，脊椎動物の両生類から哺乳動物の祖先が分化したのは約3億年前といわれる。約550万年前には，ヒトの祖先がチンパンジーから分岐し，さらに約20万年前には現代人の祖先である新人（ホモ・サピエンス）がネアンデルタール人などの旧人から分岐した（表2）。人類は，自然生態系の一員として地球上に姿を現し，周囲の環境から食物となる植物や動物を得ていた。人口が少ないうちは人類が環境に与える影響も小さかったが，文化文明の力によって環境適応力を高め，繁栄し子孫を増やしていくにつれて環境に与える影響も無視できなくなってきた。特に，火の利用や農業，牧畜による森林の破壊は顕著であり，そのため多くの野生生物種が絶滅しただけでなく，場所によっては地域一帯の乾燥化や砂漠化へとつながっていった。

農業生態系

　人類は，農耕文明を獲得することにより食糧生産を増大させ，多くの人口を養うことができたが，農業における物質の流れは，図6のように示される。農作物（生産者）が光合成によって生産した物質は，動物（消費者）に渡ることなくヒトが収穫する。農業では，枯れ葉や動物の排泄物死骸なども少ないので，分解者の働きも弱く，植物に渡される栄養素の量も少ない。これを自然生態系と比較すると，農業生態系も植物（農作物）の生育に太陽，水，土，空気，適

度な温度などを必要とする点では同様であるが，光合成産物以降の流れが異なっている。こうした事情を指して，農業を半自然生態系という人もいる。植物が必要とする栄養塩類の一部は作物と共に農耕地から失われるので，持続的生産には植物が必要とする栄養塩類を補う必要が生じる。伝統的農業では，灌漑用水や堆肥に含まれる栄養塩類によってこれを補っていたが，近代農業では化学肥料によってかなりの部分を補っている。ヒトの食物，もとはと言えば作物に含まれていた植物栄養塩類は，結局は排泄物や下水となって排出され，河川，湖，海に流入する（次節参照）。

化学物質と生物濃縮

農作物の周りにはこれを食べる消費者（草食性動物）がうようよしているが，農業生産をあげるには草食性動物を排除しなければならず，そのために殺虫剤などの農薬が用いられる（図6）。農家の目から見れば，アオムシやバッタなどの草食性動物は害虫であり，これを捕食する蜂やモズなどの肉食性動物は益虫・益鳥ということになる。逆にヒツジやミツバチなどの草食性動物を利用する場合は，これを食べるオオカミやスズメバチは害獣・害虫ということになる（環境と農業，牧畜に関する問題については，9章参照）。

草食性動物のほかに，植物に寄生する病原菌も作物に害を与える。これらの生物を排除するために近代農業では農薬が用いられる。当初は効き目が長いことが農薬として望ましい性質だと考えられた。しかし，効果が持続するということは，環境の側面から見れば化合物が安定で分解されにくいことを意味し，残留性が高いということになる。難分解性化合物が生物に取り込まれると食物連鎖を通して，生産者から一次消費者，高次消費者へと汚染物質が次第に濃縮されていく。これを，食物連鎖を通した生物濃縮といい，殺虫剤，除草剤の本体や，不純物として含まれる脂溶性有機塩素化合物で顕著に見られる（図7）。脂溶性有機塩素化合物は，水に溶けにくいので排泄されにくく，化合物も安定なため分解されにくく，体脂肪中にとどまりやすい。このような農薬以外にも，人類が不用意に環境に放出した化学物質の一部（内分泌攪乱化学物質。環境ホ

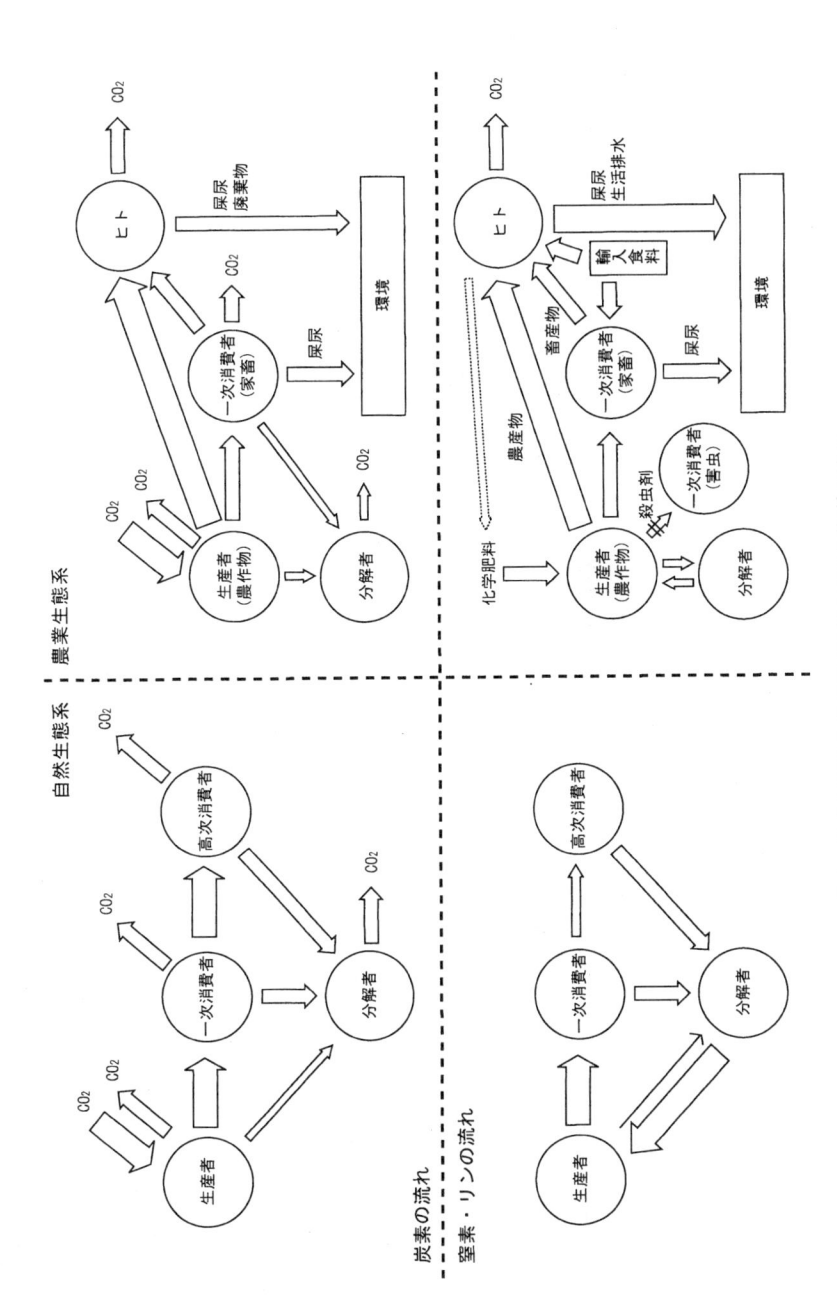

図6 自然生態系と農業生態系における物質の流れ

左：自然生態系，右：農業生態系。上：炭素の流れ，下：窒素・リンの流れ。農業生態系では，植物の栄養塩類が食物として田畑から奪われるために，これらの栄養素を肥料として補わなければならない。一方，都市では排泄物，食物残渣，排水を通して栄養塩類が環境中に大量に排出されるため，水系の富栄養化を引き起こしやすい。

A

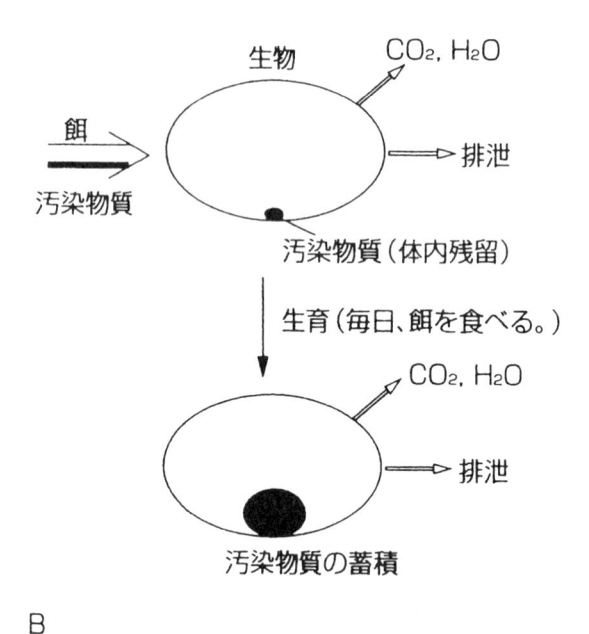

餌 → 生物 → CO₂, H₂O
汚染物質 → 排泄
汚染物質（体内残留）

↓ 生育（毎日、餌を食べる。）

→ CO₂, H₂O
→ 排泄
汚染物質の蓄積

B

植物プランクトン → 端脚類 → サケ幼魚 → セグロカモメ
0.014 ppm   0.41 ppm   3.35 ppm   99 ppm
比率(1)   (30)   (240)   (7000)

図7　化学物質の生物濃縮

環境中に排出される有害物質の濃度は低くても，食物連鎖を経て生物体内で濃縮されて大きな悪影響を及ぼす恐れがある。図は，DDTの生物濃縮。動物は毎日餌を食べるが，その大部分は呼吸や排泄によって環境中に出て行く。しかし，有機塩素系化合物や貴金属などの脂肪に溶けやすい物，排泄されにくい物は，次第に体内に蓄積する（図のA）。高次消費者が，汚染された餌を毎日のように食べると，汚染物質は次第に濃縮されていく（図のB）（図の例では，セグロカモメの胸筋中の濃度は，環境中の濃度の約7000倍に達している）。（持丸，2000）

ルモンともよばれる）が，ヒトや野生動物の生殖に大きな悪影響を及ぼす可能性が指摘されるようになった（持丸，2000）。また，フロンガスは，冷凍機の冷媒やヘアスプレーのガスとして盛んに使われたが，化学的に安定なため分解されにくく環境中に長期間とどまってオゾン層を破壊するという負の側面を持つことが分かった。

人口の大都市集中と水域の富栄養化

▶ **大都市下流の水域**：自然生態系では，生産者，消費者，分解者の活動によって元素は循環している。植物は生育に多くの栄養塩類を必要とするが，このうち炭素は空気から，酸素と水素は主に水から供給される。その他の栄養塩類は主に土壌や水によって供給されるが，農業生態系では窒素（N），リン（P），カリウム（K）などは不足しがちなので，肥料として補われる。自然生態系の川，沼，海などの水中でも窒素やリンは一般的に不足しがちである。これが十分な状態がいわゆる水の富栄養化で，植物プランクトンの生育に絶好の状況が生まれ，しばしば，アオコや赤潮など好ましくない植物プランクトンの大発生につながる。江戸時代の東京（江戸の町）は人口が約100万人に達していたが，排泄物中の窒素やリンなどの栄養塩類は肥料として近郊の農地に戻され，再び農作物となって都市に戻るという循環系が相当程度うまく成り立っていた。細かく見れば，米など多くの農産物が日本各地から江戸に集まっていたので循環系は完全とはいえず，排泄物や下水に含まれる栄養塩類は河川を通って東京湾に流入したが，その量はさほど多くなく，いわば適度であったためにアサクサノリや植物プランクトンの栄養源となり，食物連鎖によって江戸前の魚となった。

現在の東京湾に流れ込む河川の流域には2000万を超える人が住み，国内産ばかりか海外から輸入される食糧を消費しているから，栄養塩類の循環系が機能しなくなった。排泄物ばかりでなく，食べ物の残り，風呂の水，洗濯の洗剤などの汚染物も下水管などを通して流入し，その矛盾が都市近郊の河川，沼，内湾にしわ寄せされる。他の大都市でも事情は似通ってい

る。(図6)

▶ **有機物汚染とBOD，COD**：下水の汚れは，有害物質のほかに有機物による汚染と窒素，リンなどの富栄養化に分けて考えられる。有機物による汚染の程度は，BOD（生物化学的酸素要求量）やCOD（化学的酸素要求量）によって表される。

BODは，調べようとする水の1リットル中の有機物などを微生物の呼吸によって酸化・除去するのに必要な酸素のmg数を指し，ppmの単位で表される。ppmは，part per millionの略で，濃度100万分の1を表す。微生物が酸素を用いた呼吸作用によって有機物などを酸化する主な反応は，次式によって表される

$$(CH_2O) + O_2 = CO_2 + H_2O$$

たとえば，調べようとする水1リットル中に含まれる有機物（ここではCH_2Oと表す）を微生物の呼吸によって除去するのに酸素が20 mg必要なら，そのBODは20 ppmである。

CODは，次式のように水に含まれる有機物を強力な酸化剤である過マンガン酸カリウムなどによって酸化するのに必要な酸化剤の量を，酸素量に換算して表したものである。

$$5(CH_2O) + 4KMnO_4 + 6H_2SO_4 = 5CO_2 + 11H_2O + 2K_2SO_4 + 4MnSO_4$$

BODとCODの値には一般にそれほど大きな差はないが，測定時間が短くて済むのでCODが用いられることが多い。ヤマメ，イワナなどの渓流にすむ魚は，BODが低い清流に住むことができるが，高い水には住むことができない（表3）。

▶ **下水処理と微生物の働き**：下水道の整備された地域の下水は，処理場で浄化される。まず，ろ過により固形物を除き（一次処理，物理的処理），次いで空気を盛んに吹き込んで微生物の酸素呼吸を促進し，有機物をCO_2

表3 BODと水質適応性

BOD	水道，工業用水	環境に適した魚
1 ppm 以下	水道：ろ過等の簡単な浄水操作を行う	
2 ppm 以下	水道：沈殿，ろ過等の通常の浄水操作を行う	ヤマメ，イワナ
3 ppm 以下	水道：前処理を伴う高度の浄水操作を行う	サケ，マス，アユ
5 ppm 以下	工業用水1級：沈殿等による通常の浄水操作を行う	コイ，フナ
10 ppm 以下	工業用水3級：特殊な浄水操作を行う	

に分解させることによって有機物をある程度除去する（二次処理，生物化学的処理）。その結果，下水処理場を通った水は，透明度が高くなる。下水処理では微生物の増殖と共に窒素やリンなどの栄養塩類の一部が取り込まれ，微生物が活性汚泥となって沈殿する際に同時に除去されるが，残りは水中に残る。これらの栄養塩類を除去するには，さらに化学的処理（三次処理）が必要だが，コストがかかるので一般には行われない。したがって，栄養塩類を多く含んだ水が川，湖，海に流入することになる。富栄養化した水中ではプランクトンが大量に繁殖し，やがて死骸となって分解するときに，水中の酸素が消費されて，水質を悪化させる。また，プランクトンの一部は有毒物質を生産して，漁業にさらに大きな被害を与える。後背地に都市，畜産場，農地などを持つ湖では富栄養化が顕著で，諏訪湖や霞ヶ浦がその例である。内湾では流入した水が比較的長くとどまるので，大都市を後背地に持つ東京湾，瀬戸内海，伊勢湾などでは，富栄養化により赤潮などのプランクトンの異常発生がしばしば起こっている。

都市周辺の河川や湖沼には処理されていない下水，農業・畜産廃液，路上の汚れなどが流入してBODが高くなり，処理下水中には除去し切れなかった有機物や栄養塩類が含まれていて植物プランクトンも異常発生しやすい（表4）。水が黒ずんでいわゆるドブ川状態となることもしばしば見られるが，これは，硫酸還元菌と呼ばれる微生物のはたらきによる。水中の有機物濃度が高く，酸素呼吸微生物が酸素を消費尽くしてもなお有機物が残っているときが硫酸還元菌の出番である。硫酸還元菌は，有機物を硫酸

表4　主要河川・湖沼・内湾の水質汚濁状況（平成12年度）

河川	BOD(ppm)	湖沼・港湾	COD(ppm)
石狩川	1	支笏湖	0.7
阿武隈川	1.6	十和田湖	1.4
利根川	1.5	猪苗代湖	0.5
荒川	3.9	中禅寺湖	1.7
多摩川	2	霞ヶ浦	7.6
鶴見川	7.2	印旗沼	10
信濃川	1.4	手賀沼（千葉県）	14
木曽川	0.6	東京港	3.1
庄内川（名古屋）	3.2	諏訪湖	6
淀川	1.5	名古屋港	4.4
大和川（大阪）	6.4	伊勢湾	3.5
高梁川	1.5	琵琶湖	3.2
四万十川	0.6	大阪港	2.8
吉野川	0.7	広島湾	2
遠賀川	2	中海	5
筑後川	1.5	博多湾	3.4
球磨川	0.9	金武湾	0.9

によって酸化することにより生存に必要なエネルギーを得ており，硫化水素（H_2S）を発生する。硫化水素は鉄などの金属イオンと反応して黒く着色した金属の硫化物を生じ，浮遊物や底の泥が黒ずむ。

$$2\,(CH_2O) + H_2SO_4 = 2\,CO_2 + 2\,H_2O + H_2S \quad 〔硫酸呼吸〕$$
$$H_2S + Fe^{2+} = FeS\,(硫化鉄（Ⅱ），黒色) + 2H^+$$

硫酸還元菌による硫化水素の発生を抑えるには，河川のＢＯＤを減らさなければならないが，これはかなり困難な課題である。下水処理場で発生する汚泥の処理も厄介な問題である。これを肥料として後背地の農地に還元し，消費者もできるだけ近隣の農作物の消費量を増やすことが水質保全に有効だと考えられるが，これには地域ぐるみの取組みが必要で，そのような循環型社会システムが有効に機能している例は少ない。

<参考図書>

・生物学全般,生命の起源

石川　統(1997):『生物科学入門』,裳華房
中村　運(2003):『生命科学の基礎』,化学同人

・環境問題

木村資生(1988):『生物進化を考える』,岩波新書
持丸真理(2000):野外に放出された化学物質と生物濃縮(pp.45-54),北山雅昭編(2000):『環境問題への誘い』,学文社
大島泰郎(1995):『生命は熱水から始まった』,東京化学同人
瀬戸昌之・森川　靖・小沢徳太郎(1998):『文科系のための環境論・入門』,有斐閣
Spiro, T.G. and Stigliani, W.M.(岩田・竹下訳)(2000):『地球環境の科学』,学会出版センター
内嶋善兵衛(1990):『揺らぐ地球環境』,合同出版
柳川弘志(1989):『生命の起源を探る』,岩波新書

農薬の功罪

藤森 嶺

　自然科学は自然界の現象についての疑問を解明する学問である。「なぜ」に対する答えを求める学問である。このことは，人間が"ことば"によって説明をつけて，多くの人がその言葉による説明に納得しているということであって，自然界の現象自体は昔も今も単に存在しているだけといえる。人間は「なぜ」と思うようになってしまった動物で，しかもその答を共通の理解として持ち合うことを慣習としている。教育という行為がまさにこの答の共有化の作業に有効に働いている。そして，人間は自然科学で得られた解答に満足するだけでなく，科学技術という形をとって自然現象に対して人為的な改変を試みるようになる。地球環境にとって顕著な負の影響があったのは化石燃料の利用である。エネルギー源としての利用だけではなく，化学工業における有機化合物の出発原料でもある。石油のナフサを高温で分解しエチレン，プロピレンなどのオレフィンや芳香族炭化水素を生産し，これらを原料にして各種の化学反応がなされて合成樹脂などいろいろな化学製品が生まれていく。化学肥料も化学農薬も化学製品のひとつである。

　これまで科学技術の発展は概ねよいこととされてきた。しかし，それは各個人の生活という小さな環境が快適になったからであり，地球システムという大きな環境はかえって劣化してきていることを無視しつづけるわけにはいかない。たとえば，化石燃料の大量使用により大気中の二酸化炭素が年々増えつづけており，それを原因とした温暖化が進んでいる。農業生産における化学肥料，化

学農薬もまた農産物の生産量を高めるための重要な化学物質として現代農業に必須の化学工業製品であるが，過度な依存は環境保全の面から問題があり，使用量の削減に向けた動きとして環境保全型農業確立への取り組みが世界的に始められている．

　科学技術の適用にはなんらかの判断が必要で，何を試みてもよいということではない．その判断には倫理，哲学，あるいは慣習，感性というようなものを大切にしていかねばならない．その上で世界的な規模での環境保全の政策決定がなされていかねばならない．このことは今まで進められてきた大量生産，大量消費，ゴミの大量廃棄を前提とする経済活動の見直しも当然行われなければならないということである．何でも国際的に容易に物資が移動するということもよいことなのであろうか？国際交流のよさを強調するより地域性の重視をした方が地球環境を守るには適しているのではないだろうか？倫理学，哲学など心の領域の学問が科学技術の急速な発達という外的変化に対応できるようになることも望まれる．経済活動に隷属した現在の政治の姿も変えていかなければならない．

　自然科学は事象の理解には役立ち，判断の材料として重要なものではあるが，どのようにわれわれが生き，どのように次の世代へよい環境を残すかについての判断は自然科学の答えの中には含まれてはいない．そもそも科学の進歩ということが地球の将来，人類の将来に対して何を意味しているのだろうか？快適さのあくなき追求がヒトという生物種の滅亡につながるかもしれない．このようなことも考えてみるべきときに今われわれはいるのではないだろうか？

1　食物連鎖とヒト

　ヒトは言葉を有し，知情意の精神活動を行う．哲学があり，文学があり，音楽があり，絵画がある．芸術活動はヒトの活動における大きな特徴の一つである．ヒトがヒトらしく生きるというのはこれらの精神活動が大切にされること

である。そして科学を発達させ、その応用である技術により生活の向上を図ってきた。一方で、地球環境の永続にとって好ましくないことも行ってきた。石炭や石油という化石燃料はエネルギー源として極めて有用であるが、有限な地球の資源を使用しているわけであるからいずれ枯渇することになる。化学工業の発達は生活に関わる様々な素材を変え、医薬、農薬などの化学製品を生み出してきた。しかしたとえばフロンガスやメチルブロマイドは開発当初の時点ではよい評価を得て、普及していったものであるが、大量の使用はオゾン層の破壊につながり、放置すればとり返しのつかない状況に直面する可能性があった。今やその対応策で苦労しているわけで、化学工業製品は基本的にはすべてが環境に負荷をかけるという側面を持つと考えておくべきではないだろうか。

　地球上の生物は太陽光エネルギーを有機化合物の中に取り入れることができる植物、その植物あるいは他の動物を食べて生きていく動物、さらに植物が枯れ、動物が死んだ後にそれらを分解し土壌の一部分としてしまう微生物から構成されている。ヒトも動物の中のひとつの種であるが、多くの動物のように食物連鎖の中に存在するというのではなく、他の動物から餌の対象となることを回避することに成功してきた。ヒトにとって現在の生物界における最大の敵は病原菌ということになる。(図1)

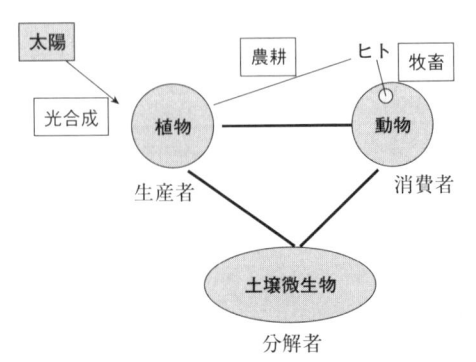

図1　食物連鎖で成り立つ循環型社会
ヒトは動物界の突出した存在となり、食物連鎖から抜け出した。
自らの手で改変した植物、動物を生産して食す。

ヒトは地球上の生物の中でも特異な存在であり，地球環境を自分たちの生息に適するように積極的に改変しながらその密度を増加しつづけている。食糧の入手方法も独特であり，他の動物と同じように植物の採取や動物の捕獲（狩猟）であった時代を経て，植物の栽培（農耕）や動物の飼育（牧畜）を始め，個体数の増加に対応した食糧の増産を自らの手で行ってきた。育てる植物や動物は品種改良によって品質も生産性も高められていったと思われる。広大な農耕地，放牧地は地球環境の改変のひとつであり，田園風景もヒトにとっては目に優しく，心地よいものであるが，ヒトに都合のよいように自然環境を改変した結果である。そして食糧の増産にはその生産現場での環境作りが重要となる。せっかく育てた食糧用生物が他の生物の攻撃にあったり，競合に負けたりしないようにするための技術は，20世紀になって確立された化学工業で化学肥料と化学農薬が誕生して飛躍的に向上することになった。それは同時に循環型社会からの離脱を引き起こしていくことでもあった。日本で見るならば，江戸時代までの農業は循環型農業といえるのが，現在の農業は環境破壊の源になりかねない非循環型農業になってしまっている。その反動として評価が高まったのが，無化学肥料・無化学農薬の有機農法（オーガニック）である。生産性を問わないのであれば存在の意味もあるが，高価で販売できるという生産者にとってのメリットが支えになっているようなところがあり，環境問題の視点からの位置づけがなされているわけではない。農業生産における循環型とは農業生産のために使用した資材が土壌の中で天然の無害な物質に分解され，次の生産のために役立ち，環境に有害な物質を残さないことである。化学肥料と化学農薬が無かった時代は循環型農業であった。これは結果として循環型とみられるということであって，意識的に循環型を指向したということではない。したがって循環型農業であったとされている江戸時代も，別に当時の政策が素晴しかったというわけではない。化学肥料と化学農薬という増収に有用な手段を手に入れた時から環境への負荷が始まった。

最近になって地球環境の保全という考えが大切にされるようになってきているが，それは地球環境を極端に悪化させないようにすることを意味しているものの，自然界そのものを改変しないというところまで意味するものではない。保全という表現自体がヒトのかなり独善的な考え方に基づくものではあるが，今まで拡大，増産を続けてきたヒトの活動に対してなんらかの形でブレーキがかかるということがもし起こるのであれば，ヒトの歴史上大きな変革の時を迎えているといえる。そのひとつとして，法律とか条令ではなくＩＳＯ 14001という「規格」で，企業や大学というような個別の集団が自らの意思で環境問題に継続的に取り組みだしたというのも新しい流れである。各人の生活も社会全体としても量的な抑制の中で生活の質の向上をめざしていく，という考え方が望ましいのではないだろうか。地球という限定された場で持続的にヒトという生物種の存続を可能としていくには，量的な拡大成長の思想は排除していかなければならない。そのためには国家予算，企業の売上高が右肩上がりを当然視する経済のありかたも修正していく必要がある。

2　食糧の質と量

　動物には，植物のみを食することで生きていくためのエネルギーを得ることができる草食動物，他の動物を食する肉食動物，そして植物と動物の両者を食する混食動物とがあり，ヒトは典型的な混食動物である。しかも現在われわれが食糧として食べている植物も動物も自然界に普通にいる野生種ではない。いずれもヒトが人為的な交配による品種改良の結果作ってきた生物である。

　ヒトは 3000 種に及ぶ植物を食用にしているとされるが，主要な作物は 10 種程度のかなり少数であり，穀類がとくに重要である。コムギとイネとが全耕地の 3 分の 1 以上で栽培されている。ヒトは生物を加工して食すようになった食の変化を好む動物であるが，基本的な主食物については極めて保守的であり，食糧生産の確保についてはコムギ，イネ，ジャガイモなどの主要作物の増減が

大きな影響を与えることになる。地球上の人口は毎年9000万人近く増える状態がつづいているが，世界の穀物収量は1990年頃より伸びが鈍化しつづけている。農耕地の面積は1981年を境に減少傾向にあり今後新たな増加が起こることは予想されていない。農業生産の増加は農耕地の拡大か単位面積当たりの増収によるが，いずれも頭打ちとなっている。

品種改良

　作物の増収をはかるにはまず作物自体を多収量の品種にすることが考えられ，現在でも交配による品種改良は有効な手段である。家畜の場合もこれと同じことがいえる。この技術の限界は同一種の中での改良手段ということであり，植物の場合にはこの種という限界を乗り越えようとする試みが行われてきた。主な品種改良の技術には以下のようなものがある。遺伝子組換え法が登場するまではすべて生物学的な種の概念が重要で，改良の中身も種の中で求められる範囲であった。

❶交雑育種：目的とする形質を発現させるために，望ましい遺伝子を持つと考えられた品種同士を交配させて子孫を作らせ，子孫に発現した形質に着目して選抜し，遺伝学的に固定したものを得る。交配という方法によるわけであるから種の壁は厳然として存在している。

❷半数体育種：新品種の作出に要する期間を短縮することをめざした技術で，花粉を利用する。花粉は生殖細胞であるために半数体（n）であるが，カルス化することはでき，さらに半数体植物を生じさせることもできる。コルヒチン処理をすれば通常の二倍体（2n）植物にすることができる。この方法も種の壁を乗り越えるものではない。

❸細胞融合：同一種であっても交配が不可能な場合に，交配という手段を用いずにプロトプラスト化した体細胞同士を融合させてしまうというやりかたである。ただし，遠縁の品種間での細胞融合は困難とされている。融合した細胞はカルス化を経て再分化させて植物体に育てる。

遺伝子組換え作物

　遺伝子組換え作物は農薬の使用量を減らす技術という面からは肯定的な評価を得るものであろう。しかし，交配を経ずして人為的に外来遺伝子を生物に挿入するのはどうも気味が悪いという心理は消し去るのが難しい。そもそも食品という極めて日常的かつ保守的なものに対してわざわざ感覚的に捉えにくい技術を導入するのは無理がある。しかも消費者にとってのメリットが明確ではないというのでは積極的に賛成しようがない。新しい花の色を作り出す遺伝子組換え植物には何の反対運動も起きていないということから見て，遺伝子組換えという技術自体がすべて問題視されているわけではなく，食用作物へ適用することが問題となっていることがわかる。

　古典的な品種改良では増収，病害抵抗性の付与，味の向上などを目的に人為的な交配がおこなわれるが，交配という手段を用いる限りは種の壁を乗り越えることはできない。そのために導入できる形質にも限界があった。遺伝子組換え法では他の種が保有する遺伝子も導入することができるようになった。このことは生物体を機械のように考えるようになることの出発点にもなる。生物体の工学的認識の開始とも言える。つまり，人間が考えた有用な形質は作物の中で可能な限り発現させるのがよく，そのためにどのような生物体から取ってきた遺伝子でも染色体ＤＮＡに組み込んでもよいとする考えである。実際には設計図どおりに部品を組み立てていくほどに容易ではないので実行できないだけであり，遺伝子組換え作物を作るという行為の底には前述のような基本的な考えがあると思われる。この考え方のはるか先には人工的な遺伝子の構築とその利用さえも予想される。それで何も問題はおこらないのであろうか？

　ヒトは食用のために野生生物を品種改良という形で改変してきた。しかし，遺伝子組換えによる改変をされた生物が増えていくことは，野生種が滅亡していくことが問題とされるのと同じように問題視されねばならないのではないだろうか。生態系の観点からは少なくとも遺伝子組換え作物は隔離圃場でのみ栽培するなどの規制を設けるべきではなかったであろうか。すでにアメリカで，

アルゼンチンで，カナダで，中国で普通に栽培されるようになってしまっており，いまさらどうしようもないが遺伝子組換え作物の論議は，ヒトに対する安全性の面のみがクローズアップされすぎているような感じがする。

遺伝子組換え自体は天然界でも見られる現象で，根頭癌腫病と名づけられた双子葉植物の病気では植物病原菌の遺伝子がプラスミドの一部の植物細胞へ移行という形で罹病植物の染色体へ挿入されている。

❶**根頭癌腫病**…双子葉植物に広く見られる植物病で茎と根の境に大きな腫瘍（クラウンゴール）ができる。この病気を起こす植物病原菌は *Agrobacterium tumefaciens* という土壌細菌である。*Agrobacterium tumefaciens* のしていることはプラスミドを介しての植物体への遺伝子の挿入であり，これにより植物側に形質転換が起こる。導入された遺伝子は腫瘍化を導く植物ホルモン合成のためのものとオパインと称されるアミノ酸誘導体の合成のためのものである。後者はこの病原細菌のえさといえる物質である。つまり *Agrobacterium tumefaciens* は植物体にこぶを作らせ，そこでえさを作らせていることになる

遺伝子組換え技術への利用としては，本細菌のＴｉ-プラスミド上のＴ-ＤＮＡ領域に乗っている上述の遺伝子を取り除き，その代わりに導入したい遺伝子を挿入する。Ｔ-ＤＮＡはＴｉ-プラスミドから切り離されて植物体の細胞内へ入り，染色体のＤＮＡに組み込まれる。

❷**遺伝子組み換え手法**…遺伝子の挿入法には物理的な方法と生物的な方法がある。前者にはパーティクルガン法とエレクトロポレーション法がある。パーティクルガン法は金属粒子に遺伝子をコーティングし，空気銃のような装置で植物細胞内へ撃ち込む。エレクトロポレーション法は植物の細胞壁を酵素処理で取り除いたプロトプラストと目的遺伝子の混合液に直流パルスを与え，生じた細胞膜の小孔から遺伝子を挿入する。また，生物的な手法としてはアグロバクテリウム法がある。物理的な手法よりマイルドな方法であり，活用されている。アグロバクテリウム法は土壌微生物 *Agro-*

bacterium tumefaciens が行っている自然界での遺伝子組換えを横取りした手法といえる。当初は双子葉植物にしか用いることができない手法であったが，後に単子葉植物でも用いることができる技術が開発された。

❸ **特定の非選択性除草剤に枯れない作物を作る**…グリホサートは世界的に使用量の多い非選択的除草剤であるが，グリホサートに抵抗性の遺伝子組換え作物が作出された。グリホサートを散布すると遺伝子組換え作物以外の植物はすべて枯れるわけであるから，何種類もの選択的除草剤を使用しないで済み，散布回数も1～2回でよいことになる。ダイズ，トウモロコシ，ナタネなどに導入され，実用化されている。グリホサート以外の非選択性除草剤でも除草剤耐性作物は作出されている。

遺伝子組換えは種の壁を越えてはいる。しかし，交配自体を変化させているわけではないから，種の壁が消えたわけではない。しかも作物種子は各種苗会社のブランドがあるから，結局は戻し交雑という古典的な交配手法が最終段階で使われている。

❹ **殺虫性蛋白を持った植物を作る**…Bt剤という微生物農薬は枯草菌の一種の *Bacillus thuringiensis* が産出する菌体内殺虫性蛋白を有効成分としている。この殺虫性蛋白の遺伝子を導入した植物は殺虫活性を植物体全体で発現していることになる。ワタ，トウモロコシなどに導入され，実用化されている。

有機農産物

化学肥料と化学農薬に依存するのが現代の農業であるが，有機農法は正反対で，化学肥料と化学農薬にまったく依存しない農法である。3年以上無化学肥料，無農薬で栽培した後でないと有機農産物と表示してはならないので，栽培は容易ではない。しかし，世界的に見ても一つの潮流をなしており，世界の生産量は伸びつづけている。

農産物への化学農薬の残留を心配する人々が有機農産物を高く評価すると思

われる。そのような心配は科学的には過敏過ぎるように思われるが，心情的にはわからないでもない。手をかけて栽培しているのでおいしいという評価がされることもある。また，生産者側の意識としても無農薬を主張するほかに有機農産物が高価に販売できるからという面も強く，安全性の視点からだけでは論じられない。いずれにせよ，有機農法は省力化とは逆に手間がかかるので今後とも主流になる農法とは思えない。したがって，地球環境問題との関係では明らかに望ましい農法ではあるが期待をかけるわけにもいかない。化学肥料や化学農薬の使用を減らす減農薬栽培（特別栽培農産物と称される）の方がまだ現実的である。日本の化学農薬使用量は世界的に見てかなり多いが，防除暦に従った農薬散布ということで不必要な散布をしている可能性もあり，発生予察の技術を高めて適正な使用を追求し，フェロモンや微生物農薬などの代替技術を併用すれば，使用量の低減化を進められそうである。微生物農薬は農薬登録をとらねばならないが，有機農法での使用は認められる。

3　農　薬

　人口の増加に伴い農耕や牧畜の量的向上が重要となってきた。農作物の収量を増加させるには，まず農作物自体の改良が考えられる。野生の生物を食べるという食物連鎖の図式から抜け出し，品種改良によって新たに作り上げた生物を食糧とし始めた時から，それは単に新しい生物を作り出すだけではなく生産量の向上も目標とされてきたと考えられる。たとえば「緑の革命」と言われた1950～1960年のコムギの品種改良はその顕著な成功例である。優れた親品種間での交配，選抜の繰り返しという古典的な遺伝学の手法が高収量品種を産み出した。この結果単位面積当たりの収量は1975年には1930年の2倍以上になった。

　また，生育の促進に必要な物質を供給することも有効である。肥料として根から供給することが多い。肥料の始まりは有機物堆肥や鉱物資源由来の無機肥

料であった。そして20世紀初頭ころからの硫安に始まる化学合成肥料の開発と利用は今に到るまで農産物の生産を高めるために大きな貢献をしている。化学農薬は作物を攻撃する害虫の防除剤である殺虫剤，病原菌の防除剤である殺菌剤，競合して土壌中の養分をとる雑草を防除する除草剤が中心で，他に植物の生長を制御する植物生長調節剤も含まれる。日本では農薬は農薬取締法に基づいた農薬登録をとらないと販売できない。

化学農薬開発の流れ

農薬（Pesticides）は作物の生産に害を与える自然界の生物を制御する薬剤である。農業における省力化を大きく実現させた手段である。

農業において化学農薬が使われるようになってきたのは，この60年間ぐらいである。この間に世界の作物の収穫量は増加しつづけてきた。耕地の拡大，化学肥料の効果，そして化学農薬の効果がうまくかみ合ってきた時代といえる。現在61億人以上にもなっている地球上の人口を食糧供給の面で支えてきた重要な資材が化学肥料と化学農薬であったことは間違いない。極めて有効な省力化の手段でもあった。しかし化学的手段は地球環境への負荷を増加することにつながる。この点は無視してはいけないことである。

化学農薬は優れた効果を示し世界的に普及したが，開発当初には考えられなかった問題も発生した。その代表的な例はDDTである。DDTは殺虫性が強く，速効性があり，殺虫対象の虫の種類も多く（殺虫スペクトルの幅が広い），残効期間も長い，経口毒性も比較的低い，そして安価でもある，ということが当初は素晴らしい特性として受けとめられた。マラリア原虫の媒介昆虫のハマダラカの防除では卓越した効果があった。ところが，脂溶性で，分解されにくい（だから残効性がある）DDTは環境中に残留して，自然界に普通に行われている食物連鎖の過程で生物濃縮が起こり，プランクトンから魚そして鳥と進むにつれて体内濃度はどんどん濃くなることが判明した。結局1940年代から普及が進んだDDTは1970年代になって使用が禁止された。現在は

土壌中での分解性のよいものということも化学農薬の開発条件に入っている。また，かつては急性毒性が高いパラチオンのような有機リン剤も使用されたが，現在は急性毒性の低いものでなければ商業化されない。現在の殺虫剤は対象害虫に対する毒性が高く，ヒトや動物に対する毒性は低い，そして土壌中での分解性が高いということが求められる。殺菌剤や除草剤でも同様な注意がなされるようになり，とくに水田用除草剤では使用量の少量化ということも進められた。

　過去の事例を踏まえて開発されている現在の化学農薬は毒性の点でも環境保全という点でもかなり好ましいものになっている。現在気になることでは環境ホルモン（内分泌攪乱物質）との関連である。現時点では環境ホルモンの疑いがある農薬が指摘されているものの，環境ホルモン自体の最終的な解明がなされておらず，対応策もはっきりしていないのでどのように判断していくべきかについても今のところ不明である。ただし，化学農薬はどのように改良されたとしても自然界には無い化合物を人為的に作り出すことであり，環境中へ大量に毎年放出するのであるから，なるべく使用しないほうがよいということは言える。使用量の最適化をはかり，あるいは他の手法と組み合わせて，化学農薬の使用量を減らしつづける努力は重要である。

❶除草剤…除草剤は植物を枯らすための薬剤であるから，植物特有の代謝系を阻害する物質といえる。作用メカニズムとしては光合成阻害，活性酸素の発生，クロロフィル合成阻害，エネルギー代謝阻害，植物ホルモン作用攪乱，蛋白質・脂質等の生合成阻害，アミノ酸生合成阻害，などがあげられる。除草剤の歴史の初期には植物ホルモン系の 2,4-D が使われた。アミノ酸生合成阻害型の除草剤は最近の主流をなすものである。非選択性除草剤に耐性の遺伝子組換え作物が作られ，米国などで普及しているが，ここで用いられる除草剤もアミノ酸生合成阻害型のものが使われている。

❷殺虫剤…殺虫剤は害虫を殺すための薬剤であり，神経系や害虫特有の生理現象の阻害をする物質である。世代交代の早い害虫を中心にして殺虫剤に対

する耐性がつくことも多く，開発当初はよく効いた剤が数年経つと効きにくくなることもみられる。除虫菊の殺虫成分ピレスリンを出発点に合成された様々な類縁物ピレスロイド類は広範囲の害虫に効果があり，神経のシグナル伝達阻害をすると見られている。ニコチンは天然の殺虫活性物質であり，神経系のアセチルコリンレセプターに作用するとされているが，その関連化合物としてニューニコチノイドと称されるいくつかの殺虫剤が開発され，よく使われている。

❸殺菌剤…殺菌剤は植物病原菌を防除するための薬剤であり，微生物の代謝系の阻害物質である。たとえば菌類で細胞膜の形成に必要とされ生合成されるエルゴステロールの阻害剤などがある。薬剤自体の殺菌活性はないが植物体に病害防除効果を誘導するというような作用機作をもつものもある。

❹植物生長制御剤…植物生長制御剤は植物ホルモンに類似の構造を有した物質で，矮化植物の大きさなどの制御，果実の落下防止，種無し果実の生産などに使用される。

化学農薬の代替技術

フェロモン

フェロモンを利用した害虫防除システムは昆虫の化学的情報伝達システムに着目したものであり，次のような利用方法がある。

❶フェロモン・モニター（トラップ）…防除対象害虫のフェロモンを合成し，誘引剤として使用する。誘引された害虫の頭数をモニターすることにより，その害虫の発生時期や発生場所を知ることができる。これにより殺虫剤の使用時期，使用場所が適正なものになり，殺虫剤使用量の低減化が可能となる。性フェロモンはオスを誘引するが，メスも誘引するように，また誘引効果を高めるために食物誘引剤を併用することが行われる。

❷大量捕殺…装置としてはフェロモン・モニターと同様な形態であるが，害虫を誘引して大量に捕殺するという防除に直接使用する考え方である。

❸**交信攪乱剤**…果樹園など限られた場所で，チューブなどに入ったフェロモンを多数箇所から放出させておき，オスがメスのいる場所を特定できず交尾できないために次世代の減少につながる。継続的にフェロモンを感じるためオスの受容器や神経系がうまく機能しなくなるという可能性も考えられている。世界的に普及している方法で，日本でも利用されている。

フェロモンには性フェロモン，警報フェロモン，集合フェロモン，足跡物質，女王物質，攻撃フェロモンなどがある。とくに性フェロモンは同一種のみに作用し，標的外昆虫には影響なく，ごく微量で有効なため環境への影響も少なく，抵抗性もつきにくいなど有用性が高い。

生物防除（バイオコントロール）

生物の機能を利用して病害虫や雑草を防除しようとするものである。自然界の生物を使用し，標的の防除対象生物が死滅すれば使用した生物も減るので生態系を乱すことも無い。防除手段として使用される生物自体が農薬に相当する。微生物を使用するのが微生物農薬である。天敵昆虫も生物防除の一手法である。化学農薬の低減化策としてかなり有望な方法である。1990年代初めの頃は効果の発現の遅さや使用法の難しさなどが懸念され，実用化に関して疑う人のほうが多かったが，現実に日本での微生物農薬，天敵は新規な登録が続いており，普及も進んでいる。剤によっては微生物剤と化学剤をうまく組み合わせて両者の特徴をうまく引き出し，結果として減化学農薬を達成することも展開されている。以下に微生物農薬のいくつかの実例をあげる。

❶**微生物殺虫剤**

Ｂｔ剤　*Bacillus thuringiensis* という細菌が産生する殺虫性蛋白質を有効成分とする殺虫剤。チョウ，ガ類の幼虫を対象としたものが多い。日本では年間100〜200トン使用されている．世界で最初の発見例は1901年日本の石渡によってカイコの卒倒病を引き起こす菌として報告されたもの。

❷**微生物殺菌剤**

灰色かび（*Botrytis cinerea*）防除剤　*Bacillus subtilis* という細菌を有効成分と

する．効果は抗菌物質によるものではなく，棲息場所の先行確保・栄養競合が予防効果を示す．

❸微生物除草剤

スズメノカタビラ剤　天然界に存在し，ゴルフ場での難防除雑草であるスズメノカタビラを萎凋・枯死させる細菌 *Xanthomonas campestris pv. poae* を有効成分とする除草剤．日本で最初の微生物除草剤，細菌を使った微生物除草剤としては世界最初．ゴルフ場で主に使用されている．この開発に対して日本雑草学会の業績賞が与えられた．

▶ **微生物農薬の登録**：農薬は日本では農薬取締法（1948年制定）による農薬登録制度で管理されている．品質，薬効・薬害，安全性，残留性，標的外生物に対する影響などについて問題なしとされた剤が登録される．しかも3年ごとに再評価されるので，最初の登録時には問題となっていなかった新たな問題点がその後浮上してきても対応できるようになっている．農薬としての販売には必ず農薬登録が必要である．

　微生物農薬も農薬登録が必要であるが，生きた微生物を使用するので有効成分の表示法も生菌数で表示するなど化学剤とはかなり取り扱いが異なる．日本では1994年に微生物農薬登録に関してガイドラインが制定された．安全性評価では，段階的な試験法が導入され，化学農薬の場合のように慢性毒性の結果まですべてを一括して提出するのではなく，第一段階の試験で問題なしとされれば次の段階の試験に進まないでよい．ただし，最初の段階の試験は有害な影響が最も出やすいような条件で行う必要がある．このような取り扱いは世界的に一般的な考え方で，日本はむしろ微生物農薬に対する国の取り組みは遅く，他国の状況を調べた後にガイドラインが制定された．微生物農薬の開発に対する取り組みは新規事業として取り組む企業が積極的に商業化を展開した．

▶ **微生物農薬の開発**：微生物農薬の開発に関しては，微生物農薬のガイドラインが制定される頃，先端的に開発を進めていた日本たばこ（ＪＴ）の開

発陣が日本における微生物農薬の開発の活発化を期待して，積極的に微生物除草剤の開発経緯を学会誌に公表したので，どのような研究が必要であるかは知ることができる。参考文献に示した「微生物農薬」にもわかりやすく記載されている。以下に微生物農薬の開発過程を略記する。

1. 有効微生物の探索分離：微生物農薬の効果を有すると期待される微生物の発見
2. 病原力の比較，候補菌株の選定：実験室や温室での検定による有望な菌株の選抜
3. 微生物の同定，微生物の性質の解明：選択された微生物の微生物学的知見
4. 特許申請：有望菌株の権利取得
5. おおよその宿主範囲試験，毒性試験：作物への無害性の確認，使用安全性の確保
6. 培養条件の検討：大量培養法の確立，生産コストの低減化
7. 保存安定性の検討：商品化された微生物の生存期間の保証
8. 製剤・剤型の決定：保存性に優れ，使用場面に適した剤型の開発
9. 性能最適化試験（微生物の検出法の開発，効果の評価基準設定，室内効果試験，野外試験）：最も効果的な使用方法の確立
10. 使用方法の決定：実用化における使用方法の確定
11. 公的効果試験（作用性試験，適用性試験，実証試験）：農薬登録取得のための試験
12. 残留試験：散布後の作物や土壌への微生物の残留状態の確認
13. 魚毒性試験：使用したことによる魚類への影響
14. 有用動植物影響試験：作物，天敵など有用な動植物への影響
15. ＧＬＰ毒性試験：農薬登録に必須な認定機関での毒性試験
16. 運命試験（植物，土壌中での挙動）：散布した作物や周囲の土壌中での生存状況
17. 農薬登録申請→農薬登録　（約１年間を要す）：農薬検査所への登録申請
18. 製造（大型培養タンクでの培養）：商業化における大量培養
19. 製品輸送：商品化された微生物農薬の使用者への輸送
20. 製品管理：保存安定性などのチェック
21. 周知・宣伝：普及させるための活動
22. ユーザー教育：正しい使用方法の伝達
23. クレーム対応：クレームに対する処置や改善
24. コスト低減化研究：培養法や製剤方法の改良

4 生活の質

ヒトとしてどのように生きていくかということが問われている。

化学工業の恩恵は生活の快適さとして受けとめられてきた。いまさら化学工業製品のない生活へ戻ることはできない，と誰しも思うであろう。化石燃料も，有限であることはわかっていても，感覚的には無尽蔵にあるような気がしてしまう。地球の温暖化ということもなんとなく肌身で感じるようになってきてはいるが，危機感があるわけではない。野生動物が減少しているといっても，日ごろの生活で目に触れる野生動物はもともとそれほど多くは無い。であるから実感がわかない。オゾンホールは感覚的にも怖いのでフロンや臭化メチルの問題は気になる人が多いと思うが，技術の進歩で何とかなるだろうと考えて安心してしまう。

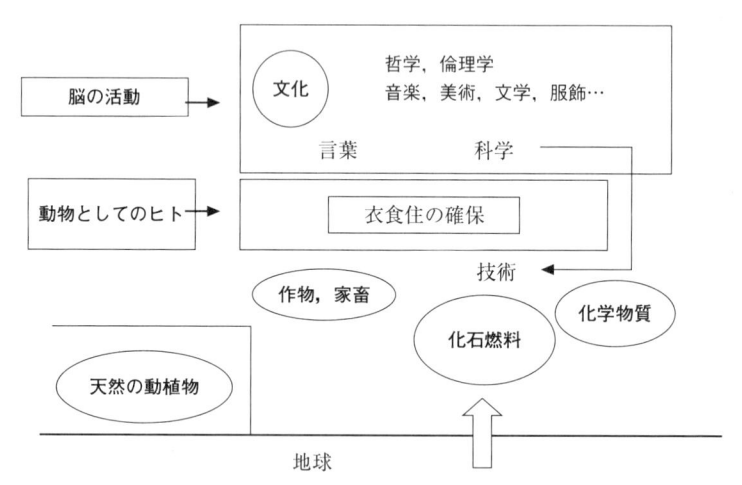

図2 ヒトがひとらしく生きるとは？
ヒトは動物であるが，文化を形成し大切にしている。ヒトがひとらしく生きるということは文化を大切にし，継承していくということなのではないだろうか？一方，科学から生まれた技術は化石燃料を大量に消費してエネルギーや化学製品を生産する道を開いた。これは自然界の多様な生物を押しやり，地球環境を劣化させている。我々はこれからどうしていくべきなのだろうか？

このような状況にわれわれはいる。

地球での生物界がどのようになっていくのがよいのか，そのためにヒトは何をすべきなのかというそもそも論を戦わす必要がある。そのための生物学の主導的な役割にも期待したい。地球科学からの警告もはっきり知らせてほしい。哲学，倫理学からの論も期待したい。

＜参考文献＞

クリストファー・フレイヴィン編（2001）：『地球環境データブック　2001-02──ワールドウォッチ研究所』，家の光協会

深海　浩（1998）：『変わりゆく農薬──環境ルネッサンスで開かれる扉』，化学同人

北山雅昭編（2000）：『環境問題への誘い』，学文社

レスター・R・ブラウン（1996）：『食糧破局　回避のための緊急シナリオ』，ダイヤモンド社

松中昭一（1998）：『新農薬──21世紀における農薬の新使命』，ソフトサイエンス社

日本農芸化学会編（2000）：『遺伝子組換え食品──新しい食材の科学』，学会出版センター

新田義孝（1997）：『演習　地球環境論』，培風館

大塚善樹（2001）：『遺伝子組み換え作物──大論争・何が問題なのか』，明石書店

瀬戸昌之・森川靖・小沢徳太郎（1998）：『文科系のための環境論・入門』，有斐閣アルマ

山田昌雄編（2000）：『微生物農薬』，全国農村教育協会

山田康之・佐野　浩編（1999）：『遺伝子組換え植物の光と影』，学会出版センター

社会科学と環境システム

　自然の前に人間は無力である。地球の営みは大きく，赤子は地を這い，地球の小さな揺らぎに慄く。生命は哀しいものである。繰り返される生と死。科学はいろいろなことを人に教えた。しかし，分からないことも増やした。科学の前に我々は何を見出すのだろう。

　人間の歴史は，実に自然の利用の歴史であった。資源の獲得と配分の方法であった。そこに工業と経済が生れた。経済は社会を生み，社会は国を作った。国は統合と分裂を繰り返し，そこにはいつも経済があった。

　資源の配分，その均衡と是正，そしてその歪に法が生れた。他を律する法と自らを律する法である。他を律する法は自らを守る法である。これによって排他がうまれ，争いが大きくなった。時に歴史はこれに正当な理由を与え，ためにまた変革が生れた。自らを律する法も生れた。恐れと協調と延命のために。

　そこにはまた倫理の兆しがあった。他の声を聞き，他に耳を向け，他の心を感じ取る心があった。他を思い遣れば他からの助けもある。他の生命の鼓動を知る喜び，それは自分達の生命の賛歌に他ならない。

　地球号に身を委ね，それが今しばらくの生存の道なのだから……

　この生命体を今世紀で滅びさせるのは余りにも勿体無い。迫り来る危機を，人間の叡智で救えぬものか。救えぬまでも，この環境を満足行くまで享受し，種の寿命を威風堂々と全うする手立てはないのか。ボールは既に投げられている。こちらから投げ返すボールの質が決め球となる。

　人と金を中心として織り成すシステム，ということは火にも水にも木にも土にも関係する。そして，心の躍動と未来への駆け引きに代表される世界である。

静岡県御前崎町風力発電

10　効率性 vs. 共　生 ?

藁　谷　友　紀

　「20世紀は競争の時代であったが，21世紀は共生の時代である。」環境問題を論じるとき，しばしば耳にする表現である。――競争を通して効率を追求する社会は，弱者を淘汰し，環境を犠牲にして成り立ってきた。争いではなく，共に生きる原理こそが，かけがえのない環境を守り弱者にやさしい社会の構築を可能にする。そしてそれが，新しい時代の新しい原理である。――おおよそこのような意味で，使われていよう。そこでは，効率性 vs. 共生という図式が描かれ，効率性に対立する概念として共生が用いられている。

　本稿では，経済学がこれまで重視してきた効率性の意味をあらためて確認する。そのことを通して，効率性が本来的に環境を排除する対立的性質を持つ概念なのか，について考えてみる。環境について，市場経済システムとよばれる経済社会システムの観点から検討することになる。

　本稿では，第一に，市場経済システムとはいかなるものか，そしてそれがいかなるものを社会にもたらすのか，その成果について明らかにする。そのなかで，効率性の意味が明らかになる。第二に，効率性が成立する条件を明らかにし，市場の失敗について論じる。第三に，環境問題を市場経済システムの失敗として位置づけるとともに，経済学が環境問題を十分に扱ってこなかった「失敗」について検討する。最後に，環境問題に対する市場経済システムの役割について明らかにし，効率性と共生の関係について論じる。

1 市場経済システムとは何か

経済の循環と経済主体の活動

図1は、ミクロ経済学の教科書の始めにでてくる図であり、われわれの社会システムの経済循環を表す。経済活動を行う主体が経済主体である。基本的経済主体は、家計と企業であり、システムを補完する役割をになうのが政府である。

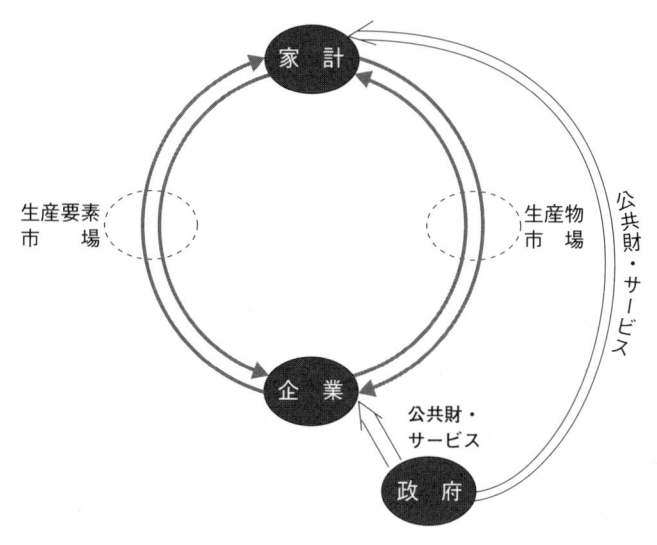

図1　経済循環図

企業は生産主体であり、家計は消費主体である。生産手段は、生産要素とよばれ、家計が企業に供給する。一般に、代表的生産要素として挙げられるのが、土地、労働、資本である。企業は、生産要素を結合させることにより生産物を生産し、家計に供給する。こうした財・サービスの流れ（給付）に対し、それとは反対に流れるのが貨幣である（反対給付）。すなわち、家計が企業に供給する労働に対しては賃金、土地に対しては地代、資本に対しては利子が支払われる。これらが家計の収入となる。家計は企業が生産した生産物に対し、お金を支払い購入することになる。

経済取引と市場

給付, 反対給付からなるのが, 経済取引である。経済取引は, 一方的な「あげる」あるいは「もらう」という関係ではなく,「やり」「とり」からなる。[1] この取引がなされる場が市場である。市場は「目に見える」必要はない。取引の機能が発揮されることにより, 場である市場は成立することになる。

市場経済システム

ミクロ経済学では, この取引こそがわれわれの経済の動きを根本から規定する, と考えてきた。その取引の場が市場であることから, したがってわれわれの経済システムは, 市場経済システムとよばれてきた。

家計の活動は, 消費を通して自身の満足（効用）をできるだけ大きくする効用極大化行動としてとらえられた。企業の活動は生産を通して利潤をできるだけ大きくする利潤極大化行動としてとらえられた。互いの行動原理が違うことから, 取引が成立するためには調整がなされなくてはならない。ここに, 市場の調整メカニズムが問題となる。そして, 市場調整がいかなる成果をもたらすか, が論じられることになる。これが経済学のミクロ理論体系の最も基本的な枠組みである。

基本的な枠組みが, アダム・スミスによって与えられたことを理解するのは, 困難ではない。いわゆるアダム・スミスの命題にしたがうなら, 各経済主体は自利心にしたがい, それがゆえに神の見えざる手に導かれ, バランスの取れた経済が維持されることになる。効用極大化行動, 利潤極大化行動が家計と企業のそれぞれの自利心にしたがった行動であり, 神の見えざる手にあたるのが市場調整である。そしてその調整の成果が論じられる。これが伝統的なミクロ経済学の骨格であり, アダム・スミスの命題に依拠して構成されていることが見て取れる。

市場経済システムがもたらす成果―資源の効率的配分

　ミクロ経済学は，いくつかの条件が満たされることにより，資源の最適配分，すなわち資源の効率的配分が成り立つことを示した。市場経済システムに，資源の最適配分を可能にするメカニズムが内在することが，明らかにされた。

　経済学が何を目指す学問かについて，これまで多くの経済学者が論じてきた。多種多様な考えが示されてきたが，ミクロ経済学者には共通の認識が見られる。すなわち，無限ともいうべき人間の欲望を満たすには資源が必要であるが，資源には限りがある。資源制約のもとでいかに高い満足を得るか，この問題に社会は取り組まなくてはならない。いかに資源をムダに使わないか，資源を効率的に使うか，そのメカニズムを明らかにし，問題解決に寄与すること，これが経済学の目指すものである，あるいは少なくとも経済学が目指すもののなかに含まれる，という認識である。

　こうした考えに立つとき，市場経済システムが，資源の最適配分のメカニズムを内在的に有することの重要性は明らかである。市場経済のシステムが十分に機能するなら，経済学が目指す，資源の効率的配分が自動的に実現することを意味する。ここに，市場経済システムが採用されるひとつの根拠が見出される。市場経済システムが，全ての経済問題を解決するわけではない。それどころか，市場メカニズムは競争のメカニズムであり，調整プロセスにおいて弱者は淘汰される。競争力をもたない企業は倒産し，失業者が発生するのが実際の調整プロセスである。しかし，条件が満たされ，市場調整のメカニズムが十分に機能した場合に，資源の効率的配分が実現するということを明らかにしたミクロ経済学の成果は，市場経済システムをセカンド-ベストな仕組みとして採用する経済理論的な根拠を与えている。

効率性の意味

　市場調整は，競争を通した調整である。企業の観点から論じてみよう。競争は，一般に，価格に関する競争と質に関する競争からなる。いま，議論を簡単

にするために，供給する財・サービスの質は同じであり，競争は価格競争からなるとしよう。この場合，生産コストが問題となる。価格を低く抑えるためには，コストを抑えなくてはならない。効率的企業は，投入する生産資源を節約的に使っており，したがって生産コストを低く抑えることが可能である。生産コストを低く抑えることができない非効率的企業は，競争により淘汰され，市場から排除される。市場調整により，競争力ある企業だけが生き残る。ここに効率的経済が実現することになる。

2　市場が機能するための条件と市場の失敗

資源の効率的配分が実現するためには，市場の調整メカニズムが十分に機能しなくてはならない。市場が十分に機能するための条件と意味について，以下の4つにまとめることができる。

❶　**財・サービスの取引（効果を含めて）が市場を経由すること**　市場の調整メカニズムは，市場において機能する。市場を経由しない財やサービスの取引，あるいはその効果が存在する場合，市場調整は意味をもたない。

この条件は，実際の市場で満たされているだろうか。利潤追求の対象とならない財・サービスは，生産の対象とならない。したがって市場は成立せず，そうした財やサービスは，供給されないことになる。こうした財・サービスに社会が必要とする財・サービスが含まれている場合，問題は深刻である。公的部門（政府）は，そうした財・サービスを公共財・サービスと位置づけ，社会に供給する。これが政府の市場システムを補完する役割である。この場合，公共財・サービスは市場を経由しないことから，効率性が保証されるわけではない。政府活動の非効率性が指摘されることになる。

市場が成立した場合でも問題は残る。たとえば，車で使用するガソリン

は，ガソリン-スタンドで購入することができ，すなわち市場が成立している。ガソリンを使用したときに出る排ガスは，場合によっては，人間の健康を損ない環境を汚染する。ここに社会に対する負荷が発生することになり，社会的費用が発生する。社会的費用は，ガソリンの供給者と需要者間の取引に，通常，反映されない。負の（副次）効果が，市場の外で発生したことになる。これを負の外部効果，あるいは負の外部経済とよぶ。外部効果が存在する場合，市場で決定される価格は，すべての効果を反映しておらず，その意味で誤った価格である。誤った価格に基づく取引は，誤った資源配分をもたらすことになる。ここに，資源の最適配分を実現するために，外部効果の内部化という公的介入が求められる。ガソリンの価格に環境税を上のせする例が，これにあたる。

❷ **市場参加者が多数であること**　市場経済システムにおいて，価格は市場調整を通して決定される。しかし，市場参加者が少数であるとき，少数者の恣意性が発揮される。例えば，市場に参加する企業の数が少数である寡占市場の場合，市場参加者は共謀を図り，競争を回避し，価格設定すること（談合）ができる。競争のメカニズムが機能しないことになり，資源配分がゆがむ。独占禁止法による取締りといった，公的介入が求められることになる。

❸ **情報が正確で確実であること**　正しくない情報からは正しい意思決定は不可能である。また，不確実な状況のもとでは，予想が裏切られ，結果として誤った意思決定がなされる。しかし実際には，家計は取引される財・サービスについて，正しい情報を十分にもっているわけではない。企業と比べたとき，家計がもつ情報の量と質には大きな違いがある（情報の非対称性）。また，時間の流れが介在する取引においては，そこに不確実性が発生する。品質表示に関する規制あるいはＰＬ法は，情報の非対称性に対する公的介入の例である。

❹ **規模の経済が成り立たないこと**　規模が大きくなることによって効率性が

増大するとき，規模の経済が成り立つ，という。その場合，最も効率が高くなるのは，企業規模が最も大きくなるとき，すなわち市場を一つの企業が独占したときである。このことは，上の❷の条件と明らかに矛盾することになり，したがって規模の経済は排除されなくてはならない。

しかし装置産業に代表されるように，しばしば規模が大きいほど，効率性は増大し，インプットに対しより多くのアウトプットがもたらされる。効率性を求めて，独占すなわち自然独占が発生することになる。独占の弊害を防ぐために，経営主体を国家とする国家独占，あるいはゆがんだ価格設定がなされないような規制が設けられることになる。

市場の失敗と公的介入

既述したように，市場が十分に機能するためには，条件が満たされなくてはならない。しかし，現実の市場においてそれらの条件が満たされていない場合，市場の調整メカニズムは十分に機能せず，資源の効率的配分が歪められることになる。市場の失敗とよばれ，市場経済システムを採用する根拠が大いに揺らぐことになる。ここに，公的介入の必要性が求められる。[2]

3 環境問題と経済学

自然環境と自由財

経済学において自然環境は，天然資源は別として，自由財として扱われてきた。水や空気は，必要に応じて必要な量を手に入れることができるとされた。自由財は，それを消費するのに金銭を支払う必要がなく，したがって利潤を追求する企業の生産対象とならない。2節で示した❶の条件のうち，市場が成立しない場合に対応する。したがって，自然環境は，経済学のなかでほとんど分析対象とならず，効率性の問題から除外された。

自然環境と外部経済

また，市場が成立し，通常の取引がなされる場合でも，負の外部効果の問題が残る。2節❶で説明した，ガソリンの場合がこれにあたる。

1960年代後半，それまでの高度経済成長の負の成果として，環境問題が深刻化した。企業は，生産拡大，利潤追求に追われ，負の副産物である排ガス，排水問題には十分な注意を払わなかった。汚染された空気と水により健康を害した子供たちの数は，決して少なくない。光化学スモッグを理由に，運動場で体育の授業を受けられない子供たちのことが，しばしば報じられた。ここに，汚染された環境を取り戻すとともに，環境を汚染しない経済活動のあり方が問われた。

環境汚染を解決する費用を誰が負担するかは大きな問題であった。その費用は，企業の損益計算書には計上されず，外部効果として野放しにされていた。こうした状況において，経済学は効率性のみを問題にする学問であり，環境問題に対しては，無力の学問，あるいは環境悪化を助長する学問として，厳しい批判にさらされた。環境と人間活動がともに並び立つ社会の構築をめざす，そうした内容を持つ原理としての共生という概念が，効率性と対立する概念として位置づけられた背景がここにある。

4 環境問題と経済

環境問題をどう考えるか

1980年代から1990年代にかけて地球温暖化問題にみられる様に環境問題が深刻化した。原因として排ガス問題，環境汚染が指摘された。ここにおいて，空気や水，などの自然環境が決して自由財ではなく，生産活動に対する厳しい制約であることが確認された。自然環境の枠の中でしか経済活動は成り立たないことを明確に認識し，持続可能な成長が論じられることとなった。

また，空気や水といった自然環境は，土地，労働，資本といった生産要素と

同じく，生産活動のために必要不可欠な要素として位置づけられることになる。オーストリア学派は，生産要素のうち，土地と労働について増加不可能，あるいは増加させるには多くの時間を必要とすることから，本源的生産要素として他の生産要素と区別する。その意味では，自然環境を，より一層制約性の強い本源的生産要素として位置づけなくてはならない。生産要素として位置づけることは，外部性の問題に対するひとつの解答である。ここに効率性を論ずることが可能となり，また，環境コストを企業の費用項目として位置づけることが可能となる。

効率性 vs. 共生？

社会と自然環境との両立を意味する共生にとって，効率性は対立する概念であろうか。共生は，社会が，自然環境の重要性を認識し，それをみだりに犯してはならないことを意味する。

自然環境を「消費しない」社会を構築する考えに立つ場合，議論は別である。経済的豊かさを求めたとき，自然環境は経済活動に対する厳しい制約的枠組みであることを明確に認識し，また「本源的」制約をもつ要素として位置づけなくてはならない。持続可能性と効率的「消費」に裏づけられない共生は，成り立ち得ない。無駄な消費を取り除かなくてはならない。共生は，効率性に基礎をおかなくてはならない。ここに，共生を前提とした効率性のメカニズム，システムの構築が求められることになる。

市場経済のシステムは，既に述べたように，あらゆる問題を解決するベスト－システムではなく，セカンド－ベストのシステムである。そこに資源の最適配分のメカニズムが内在することが，システム採用の大きな根拠である。われわれの社会は，市場経済システムに代わる効率化実現のシステム，すなわち無駄を出さないシステムあるいはメカニズムを，構築あるいは見つけ出していない。市場経済システム採用の根拠は依然として失われていない。

価値観が多様化し，高い欲望満足の充足を追求する社会において，市場経済

システムのほころびが多く目立つようになった。その一方で，ほころびを繕い，市場経済システムを補完する役割を演じてきた公的部門は，力を発揮するどころか，多くの問題をかかえることになった。「大きな政府」は，多額の累積債務にあえいでいる。多様な価値観に応えることができず，公的組織の硬直性が明らかになった。政府に取って代わり，市場経済システムのほころびを繕うＮＰＯ，ＮＧＯの活動がますます重要性を増してきた。[3]

ここに，既存の社会がかかえる問題の深刻さを見て取ることができる。新しい組織の活動に，代替的システム構築の新しい可能性を見出すことができるのであろうか。新しい課題である。

注
1) これに対して，他国に対する経済援助のように「あげてしまう」，あるいは「もらってしまう」場合があり，その取引を移転取引とよぶ。
2) 「小さな政府」における公的介入の必要性はここにある。藁谷（1996）を参照。
3) 市場経済システムにおける，政府，NPO，NGO の役割については，藁谷（2004）を参照。

<参考文献>

アダム・スミス（1776）（水田洋監訳，杉山忠平訳（2000 - 2001））：『国富論』〔全4冊〕，岩波文庫，489p.

藁谷友紀（1996）：政府と経済政策，大石泰彦・金澤哲雄編著『エレメンタルマクロ経済学』，英創社

藁谷友紀・内田塔子（2004）：ＮＰＯのマネジメント，齊藤毅憲・藁谷友紀・相原章共編著『経営学のフロンティア』，学文社，296p.

持続可能な経済・社会への転換の課題
―EU環境保全製品政策について考える―

北山　雅昭

1　環境保全製品政策（統合的製品政策）について

統合的製品政策とは

　2000年12月に，新たに策定された「環境基本計画－環境の世紀への道しるべ－」は，私たちが今，歴史的な分かれ道に立っているとして，選択肢として次の3つの道が考えられるとする。

第一の道：これまでの大量生産，大量消費，大量廃棄の生産と消費のパターンを今後とも続けていく道

第二の道：現在の社会のあり方を否定し，人間活動が環境に大きな影響を与えていなかった時代の社会経済に回帰する道

第三の道：環境の制約を前提条件として受け入れ，その制約の中で資源やエネルギーを効率よく利用する努力を行いながら，これまでの生産と消費のパターンを見直し，これを持続可能なものに変えていく道

　第一の道は，まさに今日の地球環境問題をもたらした道であり，この道を突き進めば，早晩環境の制約に直面し，われわれの生存基盤である環境は破壊され，社会と経済は破局を迎えることとなろう。また第二の道は，生活の質の著しい低下や社会，経済に大きな変動を強いることとなり，人々がそれを受け入れると想定することは，ほとんどファンタジーに近い。第三の道も，われわれ

現在世代にとっては，経済活動，その他の行動に大きな制約を課し，また物質的豊かさの低減も避けられないであろう。しかし環境基本計画にも記されているように，この道こそが，世代を通じた生活の質を高め，将来世代と環境の恩恵を分かち合うことのできる道である。

社会科学にとっては，「第三の道」への転換のより現実的で具体的なシナリオを提示すること，すなわち，これまでの人間活動のあり方を基本のところから見直し持続可能な経済社会に転換させていく（「これまでの生産と消費のパターン」の見直し），その道筋を提示するという大きな課題が課せられているのである。

この課題に応えるための検討の端緒であり，核心的重要性を有するものこそ「商品」として生産され提供される製品とサービスである。今日の「生産と消費のパターン」とは「商品生産と消費のパターン」であり，商品生産と商品消費のあり方こそ深刻な環境問題をもたらしているのである。

そこでますます重要性を増してきているのが，環境に調和した製品－製品生産のための資源採掘過程における環境負荷，生産過程と使用過程における資源投入（消費），環境負荷及びエネルギー消費を顧慮し，かつ使用後の再利用とリサイクル，さらには処分過程での環境影響に配慮した製品－を基盤とする経済社会を創出・推進する製品政策である。自動車による騒音や排ガスによる大気汚染，家電製品の多様化と浸透あるいは大型化による一般家庭でのエネルギー消費の増大，使用済み各種製品の処理やリサイクルそして最終処分を原因として生じている様々な環境汚染と，そうした製品を生産するために消費される資源，こうした環境負荷の低減と資源の保全を考えていく上でも，われわれの周りにあふれる製品を何とかしなければならない，「循環型社会の実現」といい，「持続可能な社会」といっても，かかる課題に取り組む上で，製品のもたらしている問題にどう取り組むのかは大きな課題である。

EUを中心とする「統合的製品政策」とは，まさにこうした課題に対する包括的な政策提言である。環境政策としての特徴は，すでにEUの第5次環境行

動プログラムで打ち出されている政策手法上の特徴と共通しており，① 規制的手法から自発性を刺激する枠組的手法（市場指向的・経済的手法，情報提供とコミュニケーションの活性化を通じた参加手法）に重点を置き，また② 川下での汚染防止策（エンド・オブ・パイプの施策）から川上での事前抑止，事前配慮的施策への重点移動を顕著に示す環境政策であるといえる。

本章では，EUそしてドイツにおいて，進展を見せつつある「統合的製品政策ＩＰＰ, Integrated Product Policy」，すなわち環境保全製品政策を取りあげ，この政策の持つ持続可能な経済社会への転換の可能性を探ってみよう。

ＥＵ環境政策とＩＰＰ
ＥＵ環境政策の進展

経済共同体（関税貿易同盟）としてのＥＣにおける環境問題への取り組みは，共通の環境政策上の法的基礎が存在せず，それ故それが経済的利益と一致するか，あるいはこれに影響を及ぼさない場合に限り具体化することができた。

1986年，単一欧州議定書が採択され，第130 r - t 条において環境政策上の原則が確立された（事前配慮原則，原因者原則，協働原則，横断原則）。

1997年にはアムステルダム条約の改正がなされ，第2条は，「高度の環境保護と環境の質の改善を含め，持続的発展を促進することを，共同体の課題と位置付け」た。また第6条は，いわゆる統合性原則を定めたもので，「環境保護の要請は，諸種のとりわけ持続的発展を促進するＥＵ共通政策及び措置を策定，実施するに際して，組み込まれなければならない」と規定している。かくして，環境保護におけるＥＵの動きは加速されることとなった。

統合的製品政策への流れ

ＥＵにおいて「統合的製品政策」が登場するにあたっては，いくつかの背景が指摘できる。① 従来の事後配慮的な（エンド・オブ・パイプ）環境政策がその有効性を徐々に低下されていた（効率性低下）。② それが結局は汚染物質の移動に終わる可能性が指摘されていた。そして③ ＥＵ第5次環境行動プロ

グラムの基調として，次のような点を重視したアプローチが提案されていた。

- EUと関係企業との対話の促進
- 任意に基づく協定の促進
- 資源保全の強化
- 消費者に対する情報提供の推進
- 製品及び製品製造過程についてのEUレベルでの規格化

これらは，いずれも「統合的製品政策」と親和的なアプローチであり，第6次の環境行動プログラムを策定するにあたって，「統合的製品政策」が重要な柱に据えられたのである。

これまでの「統合的製品政策」をめぐる議論の進展を Andreas Meding[*] の紹介に依りながらまとめておこう。

[*] Andreas Meding, Nutzen des EU-Konzeptes Integrierte Produktpolitik (IPP) für Unternehmen, Lübeck, November 2001

1998：Ernst & Young（EU委員会委託研究）「統合的製品政策」公表

1998.12.8：IPPワークショップ in ブリュッセル開催

1999.5.7-9：ドイツ連邦・各州環境大臣非公式会合（ワイマール）で討議

2000.2.1：IPPワークショップ，BMUとBDIの共催

2000.2.9-10：北欧IPPグループ第2回ワークショップと「Proposal for a Common Nordic IPP」公表

2000.5.25：スウェーデン環境省，「A Strategy for an Environmentally Sound Product Policy」発行

2000.6.22：コンサルタント・フォーラム「環境と持続的発展」がIPPに対する見解表明

2000.6.23：Ernst & Young（EU委員会委託研究）「Developing the Foundation for Integrated Product Policy in the EU」公表

2001.2.7：EU委員会により，IPPのためのグリーンブック公表

2001.3.8-9：グリーンブックについてのIPPワークショップ

2001.5.11-6.16：ＩＰＰに関わる専門家ワークショップ
　　　　　　　テーマ：公的グリーン調達，環境製品表示，環境マネジメントシステム，ＬＣＡとエコデザイン・ガイドライン，製品パネル，標準化と新たなアプローチ，経済的手法の役割

「統合的製品政策」の定義においては，重要な変化が認められる。

1998年のErnst & Youngは，「製品システムの環境パフォーマンスを修正し改善することを明確に目指す公共政策」と定義し，これを「関係者すべての共同の課題」と位置づけていた。Ernst & Youngによる定義は，製品と製品システムについて，環境的側面からＩＰＰを定義づけている（すなわち，従来の，性能や安全性，価格政策を越えて，環境的観点から展開される製品政策としてＩＰＰを定義した）。ただし，この段階では，「サービス」（商品）には，とくに言及しておらず，したがって副次的意義（保守・修理などのサービス）を有しているにすぎない。また，ＩＰＰを，国家による一方的な政策と位置づけるのではなく，すべての関係者の共同の課題と理解している点は，後の議論の展開にとって重要である。

ワイマールでのドイツ連邦・各州環境大臣非公式会合のための連邦環境省ＢＭＵ背景資料（1999）によれば，「統合的製品政策（ＩＰＰ）は，製品のライフサイクル全体にそった環境に関わる諸影響に関して，製品とサービスをたえず改善することを目指し，改善を促進する国家の政策である」とされていた。この定義は，Ernst & Youngの定義をもとにして行われており，これをサービス分野に拡大し，ライフサイクル全体に関する観察レベルを強調している。

ＩＰＰの具体化のために，活用されるべきさまざまな手法を包括的に扱っている（どのような手法かは，後で紹介）。連邦・州ワーキンググループ（ＢＬＡＫ）も，ＢＭＵのこの定義に従っているが，製品のライフサイクルに関わるすべての関係者の共同の課題と解している点は重要である。

Rubik他（2000）によれば，「統合的製品政策（ＩＰＰ）は，製品とサービス，そのライフサイクル全体にわたるエコロジー的特性にアプローチする。す

なわちIPPは，そのエコロジー的特性の改善を目指し，そのために製品とサービスのイノベーションを促進するのである」という。Rubikは，IPPを「製品」と「サービス」を同等に扱い，両者のエコロジー的パフォーマンスの改善がIPPの課題だと定義する。この考察レベルは，ライフサイクル全体に及ぶ。また，エコロジー的観点からのイノベーションの促進を中心に据えている。この製品政策を現実の政策において具体化しつつあるバイエルン州においては，例えばバイエルン環境協定（2001）では，「統合的製品政策は，製品ライフサイクル全体にわたる人間と環境に対する影響を踏まえ，製品及び関連サービスの不断の改善を促進し，その達成を目指すものである」とする。バイエルン環境協定の枠内で作成されたIPPについての定義も，製品のライフサイクル全体を視野においている。また，当該製品に関連するサービスとしてではあるが，「サービス」にも言及されている。

　以上，IPPの定義を年を追って見てみたが，要約的に確認できることは，製品政策ないしは統合的製品政策についての定義においては，一つの傾向的な変化が認識できる，ということである。つまり，製品政策は，当初，もっぱら製品とその生産に集中した，とりわけ国家的な課題だと把握されていた。しかし，①その後，製品自体に対する視野も，その生産段階から，ライフサイクル全体へと拡大されてきている。②また，産業と社会生活における「サービス」の重要性の高まりを踏まえて，また製品システムとサービスとの密接な結合に対応して，「サービス」が，「製品」自体とともに，IPPにおいて重要な位置を得るに至っている。③さらに，当初，純粋に国家による政策と位置づけられていたものが，製品のライフサイクルに関わるすべての関係者に拡大され，それらすべての関係者の共同をIPPの基礎的条件と位置づけられるに至っている。

　以上に見たIPPの定義についての展開を踏まえ，また，EU環境政策の基本原則としての「統合性（原則）」を踏まえてIPPを定義し直すとすれば，次のようになろう。

すなわち,

> 統合的製品政策（ＩＰＰ）とは，製品とサービスのライフサイクル全体を視野において，それらの環境特性のたえざる改善・向上を目指す政策であり，かかる改善にあたっては，経済的及び社会的諸観点との関係づけを重視しつつ，かつライフサイクルの各段階に関わる関係者のコミュニケーションに基づく協働と，柔軟で革新的な取り組みが促進される

以上の定義は，ＥＵ委員会によるグリーン・ブック公表後の議論，とりわけＥＵ議会での議論にも対応するものである。

ＥＵ委員会提案「統合的製品政策のためのグリーンブック」
ＥＵ委員会提案「統合的製品政策」の意図

ＥＵ委員会は,「統合的製品政策」を提起するにあたり，その意義を次のように説明している。すなわち，この製品政策は,「多種多様な製品とサービスを，ライフサイクル全体にわたり－原料採掘から，生産，販売，使用，さらには廃棄物処理に至るまで－改善するために従来利用されていなかった潜在的可能性を活用することによって，現在の環境政策上の措置を補充すること」を目指しているのである。ＩＰＰがターゲットとするのは，環境に調和した製品の設計・開発と，その需要の引き上げ「統合的製品政策のコンセプトは，特に製品のエコデザインと，環境調和製品が効果的に受け入れられ，使用されるよう情報と刺激策が効果的に提供されることに集中する」のである。

ＩＰＰコンセプトの具体化戦略

「統合的製品政策（＝ＩＰＰ）」を具体化するための施策としては，次のような点が重要である。

❶価格メカニズム…「製品価格が，当該製品のライフサイクル全体にわたる実際の環境コストを反映する限り，製品の環境性能は，市場によって最もよく最適化される」

　　外部コストの内部化のためには，当該製品のライフサイクル全体のどの

段階でいかなる外部コストが発生するのかを突き止め，これを定量化する必要があろう。が，これは困難である。少なくとも，こうした市場の不完全性を埋め合わせるための，効果的で，簡易な手法が採用されなければならない。また，たとえば，製品の環境性能に応じて段階づけられた課税制度の採用。具体的には，ヨーロッパ環境ラベルを付けている製品に対する付加価値税の引き下げなどがかんがえられる。あるいは，（拡大）生産者責任のコンセプトに基づく使用済み製品の無料引き取りと再生・リサイクルコストの負担（そのコストの製品販売価格への組み入れ）が重要であり，この点は，次節で取りあげる「EU廃電機・電子機器指令」や「廃車指令」で具体化されつつある。

❷環境適合的な消費の促進のための手法・刺激策としては，次のような方策が列挙されている。

   ❷-1　環境表示

      EUエネルギーラベル

      ISO環境ラベル（TypeⅠ，Ⅱ，Ⅲ）

   ❷-2　グリーン調達システム

      調達基準の調製

      →各種環境ラベル等の基準のデータベース化

❸経済界の先導的役割を支援するための手法・刺激策については，以下の点が重要である。

   ❸-1　製品についての環境情報の収集・提供・活用

- 生産者が，製品の環境情報を把握すること
- 製品設計者が，当該製品のライフサイクル全体に関わる環境情報を把握し，その特性を設計にあたり吟味すること
- 生産者は，製品の環境情報を適切なかたちで販売者，消費者に提供すること
- 製品の環境情報は，消費者を含む各主体が，製品間での環境性能の比較

が可能な尺度として提供されなければならない。

❸－2　製品デザインのための指針策定

エコデザインのための指針（ＩＳＯ／ＴＣ　207もその例）

また，以上のような戦略は，次の点に焦点を合わせられているべきであろう。

　　―製品有用（効用）の最適化

　　―省資源性

　　―廃棄物発生の削減

　　―有害物質負荷の削減

　　―危険及びリスクの低減

これらの目的を追求するためのデザインコンセプトは，次のものである。

―環境により適合的な生産と利用を顧慮したデザイン（例えば，資源節約，成果はより小さい量，より少ない廃棄物，最小限のエネルギー消費）

―削減／代替を顧慮したデザイン（製品における，あるいは消費に際して，危険か，有毒か，あるいはその他，環境に害を及ぼす素材の削減／代替）

―再生可能な材料を顧慮したデザイン

―有効寿命を顧慮したデザイン（例えば，修理可能性，保守可能性）

―長持ちを顧慮したデザイン（例えば，最新化可能性 Modernisierbarkeit，古典的デザイン，将来の必要性の顧慮）

―機能拡張を顧慮したデザイン（例えば，マルチ機能性，積み木原則）

―再使用とリサイクルを顧慮したデザイン（例えば，分解容易性，材料混合の低減，リサイクル可能な，そして再生された材料の使用，クローズドな再生循環と二次使用による部品再生）

―単純性を顧慮したデザイン（これは，より少ない生産コスト，より少ない材料，よりよい有効寿命，保守もしくは再生目的にとってのより簡単な解体をもたらすこととなろう）。

委員会は，以上のような指針の作成，普及及び適用を促進することを企図している。そうした指針を共同体イニシアティブに統合することを，例えば，「新たなコンセプト」（❸-3），特別な製品規定，及び環境ラベル（❷-1）の枠内で計画している。

❸-3　規格化

環境性能を規格に反映させる，かかる規格を踏まえた（前提とした）EU法の形成

＝EU法の「新しいコンセプト」（例えば，包装材と包装廃棄物指令の対応関係など）

❸-4　製品パネルの推進

特定の製品，製品グループに関わる関係者がテーブルについて，当該製品（グループ）についての環境目的と達成方法，障害の克服などについて共同で調査，討議する，このグループのことを「製品パネル」と称する。

❹その他の付随的手法としては，「環境マネジメントシステム（EMAS，ISO 14001等）」「研究・開発，イノヴェーション，資金提供システム（LIFE）」，「環境収支（環境会計）」，そして各企業での取組に大きな進展がある「環境報告」が重要である。

EUによるIPPコンセプトに対する評価

従来の規制的手法との関係

EU議会環境・健康・消費者政策委員会は，EU委員会が提案した「統合的製品政策」について，次のような指摘を行っている。すなわち「IPPは，現行の法制度を補充するものであって，とりわけ廃棄物及び化学物質分野でのEU法規に取って代わり，あるいはこれを緩和するために利用されるべきではない」ということである。

規制緩和，市場重視の政策動向に対しての明確な歯止めが必要なことはもちろんである。しかし，すでに繰り返し指摘されているように，環境政策は，従

来のような有害であることが明らかな一定レベル以上の汚染を防止することから，必ずしも有害であることが立証されていなかったり，大量に排出されて初めて，しかし地球規模の気候，環境に影響を及ぼすような物質，ないしは活動を対象としつつある。

さらには，EUの場合には，EUには，EU法を執行する機関は存在せず，各国の取り組みに委ねられ，そこでの執行の欠缺（けんけつ）(Vollzugsdefizit) をも予想せざるを得ない。規制的手法の執行欠缺（けんけつ）を回避し，情報提供と市民・消費者の意識，監視をよりどころとした政策手法の必要性（必然性）も指摘されている。

以上のような観点をも踏まえて，IPPコンセプトとそこでの戦略具体化手法を評価する必要がある。

ただし，EU委員会のIPPグリーンブックの戦略が，市場と企業の自発性に依拠するあまり，IPPの成果を検証するための方法と指標を欠いている点を指摘しなければならない。

検討すべき点

以上の他，「統合的製品政策」を具体化するうえで，検討しておかなければならない点を列挙しておこう。

○持続的発展を労働の領域へも統合すること
　IPPコンセプトの展開において，労働者が製品の環境情報についての知識を獲得し，自らの資格で持続的発展に貢献することを可能ならしめること
○サービス（業）の環境影響を低減するため，IPPにサービス（業）を加えること
　とくに交通と観光の環境影響に対して，このコンセプトを適用すること
○製品をサービスによって代替することの可能性を調査研究すること
○EU規格化作業へ，環境事項を組み入れることが統合的製品政策の重要な要素であることを確認し，環境保護団体及び消費者団体を含むすべての関係者が，規格化作業に適切に代表を送れるよう配慮すること
○製品ライフサイクル分析等にかかるコストの引き下げや簡略化等により，中小企業がIPPコンセプトの展開から排除されないよう特別に配慮すること

○EU委員会GBは，製品の環境パフォーマンスに意識を集中しており，消費自体を観点から除外している。消費の高さそれ自体も，IPPコンセプトの構成要素でなければならない。
○産業界との任意の協定が重要であり，この手法が持つ柔軟性が有益であることは認めるが，それは法規制の補完物であって代替物ではない。したがって，目的，期限，ベンチマークを含む測定可能な目標が必要である。
○製品のライフサイクルは，EUの境界線内にとどまるものではない。グローバルな流れがIPPに与える諸々の影響を分析し，WTOとの協力を進めること。

　商品の大量生産・販売は，大量消費社会を作り出し，大量廃棄に至る各段階での環境負荷をもたらしてきた。こうした持続不可能な経済・社会のありようを「環境」という地域と世代を超えた公共的価値を実現する観点から規制し，商品生産そのものをコントロールしていく課題，持続可能な経済・社会への移行の課題を考える上で，EUの新たな取り組みは検討の素材となるものである。
　次に，以上の政策志向を具体的な施策として展開するものとして，電気・電子機器廃棄物指令について検討してみよう。

2　EU電気・電子機器廃棄物指令

　電気・電子機器廃棄物の急激な増加は，EUにおいても大きな問題である。それは，環境汚染，廃棄物処理，資源保護にとどまらず，EU域内市場の健全な発展－自由で公正な商品生産，流通の確保という点においても，解決すべき問題を投げかけている。
　「電気・電子機器廃棄物指令案」を提案したEU委員会によれば，1998年時点での電気・電子機器廃棄物の発生量は，EU全体で600万トン（自治体が処理する廃棄物の約4％）であり，毎年3〜5％の増加が見込まれている。これら電気・電子機器廃棄物の90％以上は，特段の前処理がなされることなく，焼却，埋立あるいはリサイクルに回されており，自治体が処理する廃棄物に含まれる有害物質の最大の要因となっている。

EU構成国の中では，すでにオランダ，デンマーク，スウェーデン，オーストリア，ベルギー及びイタリアが，電気・電子機器廃棄物の取扱に関する法規制を行っており，フィンランドとドイツでは立法過程にある。しかしこれら各構成国における制度の相異がEU域内市場に問題を投げかけてもいる。

そもそも各構成国におけるコンセプトの相異は，各国のリサイクリング戦略の有効性を限定してしまう。電気・電子機器廃棄物は，より安易で安価な処理システムへと国境を越えて流れることにもなり，また，各国における生産者責任の内容上の相異が，企業間のコスト負担上の著しい格差をもたらすことになる。部品の再使用や製品設計におけるリサイクル適合性に関しても，各構成国での異なる対応は，域内市場に混乱をもたらしかねない。基本的には以上のような考慮から，EU委員会は，電気・電子機器廃棄物処理規制に乗り出した。目指す目的は，第一に電気・電子機器廃棄物の発生回避，第二に再使用，リサイクル・再生の推進，そして第三に廃棄物処理に伴う環境負荷の最小化である。

EU委員会は，2つの指令案を提案している。廃棄物管理に関するEU条約第175条に基づく「電気・電子機器廃棄物指令案」，及び危険物質の制限に関するEU条約第95条に基づく「電気・電子機器における特定の危険物質使用制限指令案」である。

両指令案は，昨年の7月28日にEU委員会からEU議会及びEU理事会に提案され，各々について審議が行われた。この間，経済社会委員会（2000年11月29日），地域委員会（2001年2月14日），及びEU議会（2001年5月15日）の見解表明があり，とりわけEU議会においては，環境・健康・消費者政策委員会での検討を踏まえて，指令提案に対して100ヶ所を超える修正提案が行われている。こうした各機関の見解を踏まえてEU委員会は，6月6日に両指令案の再提案を行っている。現在は，これらを踏まえ，最終的に指令を発する権限のあるEU理事会（環境関係閣僚理事会）での指令案検討段階にある。

ここでは，前節で見た製品政策の具体的な動きとして，EU委員会により提案された両指令案（及びその修正再提案）の内容を，提案理由書に即して見て

いこう。

電気・電子機器廃棄物処理の現状
電気・電子機器廃棄物の焼却処理

ドイツ連邦環境局は，1990年にEU全体で，36トンの水銀と16トンのカドミウムが廃棄物焼却を原因として排出されていると見積もっている。また廃棄物の焼却は依然としてEUにおける最大のダイオキシン及びフランの排出源である（ドイツ・ノルトライン＝ヴェストファレン州環境局報告書）。とりわけ臭素を含有する難燃剤は比較的低い温度（600から800℃）で，ポリ臭化ジベンゾダイオキシン（PBDD）及びポリ臭化ジベンゾフラン（PBDF）を生成することが指摘されている。

EUでは，1989年の廃棄物焼却指令に代えて，2000年12月4日，廃棄物焼却に関する新指令を発しており，有害物質の排出の大幅な削減を目指す厳しい排出基準を規定した。こうした基準をクリアするためには，焼却段階での対応のみでは不十分であり，有害物質混入の大きな要因をなしている電気・電子機器廃棄物の分別・処理取扱が，その後の処理過程における重金属その他の有害物質の排出低減に欠かせない対応である。電気・電子機器廃棄物の焼却がもたらしている影響として，さらにテレビ受像機等が焼却物に混入することによる焼却に際してのエネルギー・ロス（400 kJ/kg），燃えかす，フィルター吸着物における重金属等の高度の金属濃縮が指摘されており，焼却灰等のリサイクルを妨げる大きな要因となっている（オランダ政府の調査によると，都市廃棄物焼却施設から生ずる土壌灰の銅含有の40％は，小型電気・電子機器スクラップが原因である）。

電気・電子機器廃棄物の埋立処理

埋立処理については，EU基準を満たす処分場においても，長期間にわたる防水と，金属及び化学物質の漏出防止が完全であるとは言い切れない。それ以上に重大なのは，現にEU構成国内における埋立処分場の管理体制である。E

U委員会の調査によれば，ギリシャ国内の廃棄物埋立処分場の総数約5000ヶ所のうち，管理対象となっていないものが約70%を占めており，ポルトガルにも約300ヶ所の管理のなされていない処分場が存在する。また，現在EU加盟を希望している諸国のほとんどの処分場が未管理状態で，危険物質の地下への浸出，大気中への排出防止設備が採られていない状況だという。電気・電子機器廃棄物についての上流対策が不可欠な所以である。

電気・電子機器廃棄物のリサイクリング

今回の指令提案の主たる目的の一つは，電気・電子機器廃棄物のリサイクリング率を高めることであるが，リサイクリング過程での適切な前処理が行われなければ環境汚染につながる。例えば，電気・電子機器のハロゲン含有プラスチックのリサイクリング過程ではダイオキシン及びフランの生成が指摘されており，とりわけ臭素含有難燃剤はプラスチックリサイクリングにおける成形過程でもダイオキシン及びフランを生成する。すでにデンマークでは，難燃剤プラスチックのリサイクリングは行われていない。ドイツでも，難燃剤を含むプラスチックを他のプラスチックと区別するための表示も行われていないため，結局ほとんどのリサイクリング企業は，電気・電子機器廃棄物からのプラスチック・リサイクルを断念している現状にある。また，電気・電子機器廃棄物リサイクリング過程は，鉛，カドミウム，PCB等の排出源でもある。電気・電子機器廃棄物が適切に分離解体されないままシュレッダーにかけられているため，このシュレッダー廃棄物は940～9400 mg/kgの鉛を含んでいると推計されている。

EU構成国それぞれの対応状況

上記のように，電気・電子機器廃棄物は，その処理，リサイクル及び最終処分の各過程において環境汚染をもたらすとともに，貴重な資源の再使用・再生システムが整っていないために重大な資源浪費をもたらしている。こうした問題に対してEU構成国は，それぞれ独自の対応を試みてきている。

オーストリアでは，1990年の半ば以来，照明器具と家電製品の引き取り及び再生に関する法規制を行ってきていた。回収と再生のコストは新製品の価格に上乗せされて賄われていたが，ドイツ及びイタリアからの同種製品販売との競争上の不利を理由に，排出機器引き取り段階での費用支払いに切り替えられている。これら製品以外の電気・電子機器廃棄物を包括的に取り扱う命令案が1994年3月に公表されているが，現在のところEUレベルでの規制待ちの状況にある。

ベルギー（フラマン語地域）においては家電・娯楽電子機器令が98年に決定されており，生産者，輸入業者及び販売業者は，あらゆる家電・娯楽電子機器並びにIT機器を無料で引き取る義務を負う。また同命令は，金属及びプラスチックについてのリサイクル基準を定めている。

デンマークでは，政令に基づき，地方自治体は，99年1月以降，娯楽・家電，IT・情報通信機器，監視用機器，医療・研究施設用技術機器その他の電気・電子機器の回収・リサイクルの責任を負っており，そのコストを賄うために，最終利用者が地方税もしくは回収料金を負担するシステムが導入されている。

ドイツでは，前コール政権下においてIT機器政令案が提案されたが，現シュレーダー政権発足後，大幅な再検討の途上にある（後述）。

イタリアの1997年12月廃棄物処理令は，家電，IT機器等の回収・リサイクルについて規定しており，最終利用者は，認可を受けた販売店，廃棄物処理事業者に対し引き取りに際して費用を支払い，工業界が政府との協定に基づき，回収・リサイクル施設の全国的ネットワークを構築することになっている。

オランダでは，98年6月1日，家電・娯楽電子機器の引き取り・処理令が施行された。それによれば，消費者は，廃電気・電子機器を販売店もしくは市町村に無料で返却することができ，生産者及び輸入業者が処理責任を負っている。なお，分別回収された廃電気・電子機器の焼却あるいは埋立処理は禁じられている。

スウェーデンは，2000年4月に廃電気・電子機器命令を公布し，2001年7

月1日から施行される。同命令により消費者は，販売店もしくは自治体の回収ステーションに持ち込むことができ，リサイクル費用は，自治体・生産者の負担となっている。なお，電気・電子機器廃棄物は，認可を受けた事業者による処理を前提として埋立，シュレッダー，あるいは焼却されるシステムが導入されている。またスウェーデンでは，ケーブル，ハンダ剤，白熱電球，陰極管及び船体加工における鉛使用の段階的禁止を内容とする法規制の提案がなされている。さらにスウェーデン化学物質監督庁は，ＰＢＤＥとＰＢＢの禁止を提案しており，現在，政府部内で審議中とのことである。ＰＢＢについては，オーストリアが93年にすでに禁止しており，ドイツでもＰＢＤＥの使用は，臭化フランとダイオキシンの排出基準規制のもと事実上禁じられ，89年のドイツ化学工業界の自主的義務づけによりＰＢＤＥは使用されていない。

ＥＵ域内市場にとっての電気・電子機器廃棄物指令案の意義

ＥＵ域内市場にとって，電気・電子機器廃棄物の処理に関わる各構成国での相異なる対応は，次のような問題をもたらす。

- 構成国間における「生産者責任原則」の適用上の相異は，各国の関係企業にコスト負担上の格差を生じさせることになり，競争上のゆがみを招くこととなる。
- 電気・電子機器廃棄物処理についての各国のコンセプトが異なるために，相対的に安上がりの処理システムをとる国へと廃棄物が流入する事態を招き，各国のリサイクリング戦略の有効性を限定してしまうと同時に，流入国に環境汚染を集中させることになりかねない。
- 電気・電子機器における有害物質使用の制限と代替に関して，各国の基準が異なるため，生産，販売，処理の各過程でＥＵ内での混乱をもたらす。

以上の点から，ＥＵ域内市場の健全な発展を図るためにも，ＥＵレベルでの電気・電子機器廃棄物処理に関する規制の統一が要請されているのである。

なお，ＥＵ電気・電子機器廃棄物指令案及び電気・電子機器有害物質使用制限指令案は，ともにＥＵ域内市場におけるすべての電気・電子機器に包括的に適用され，その製品の生産国を問わない点，ＥＵ市場向けの製品輸出国にも対

応が求められている。

ＥＵ環境政策の枠組み及び電気・電子機器廃棄物対策を求めるＥＵ諸機関のこれまでの動き

　ＥＵ設立条約第94条によれば，ＥＵ理事会は，ＥＵ委員会の提案に基づき，ＥＵ議会及び経済社会委員会の意見を聴取して，共同市場の設立と機能に直接影響する・構成各国の法・行政規定を調整するための指令を全員一致で発するものとされている。そしてＥＵ委員会は，健康，安全，環境保護及び消費者保護の分野において，高度の保護水準を前提として指令提案にあたるものとされている。

　設立条約第174条によれば，共同体の環境政策は，①環境の維持と保護並びに環境質の改善，②人間の健康の保護，③天然資源の慎重で合理的な使用，④広域的もしくはグローバルな環境問題を克服するための国際的レベルにおける措置の促進という目的を担っており（第1項），事前配慮と予防の原則，発生源での環境侵害克服優先の原則，そして原因者責任原則に立脚して展開される（第2項）。第175条3項により，ＥＵ理事会は，優先目的を決定するためのアクションプログラムを決定し，このプログラムの実施に必要な措置を確定するものと定められている。そしてこの第5次環境保護行動プログラム（1993年）では，とくに電気・電子機器廃棄物に言及し，発生回避，再生，より安全な処分のための諸原則具体化のためのルール化を求めている。1990年5月7日の廃棄物政策に関するＥＵ理事会決定では，とくに電気・電子機器廃棄物をあげ，アクションプログラムの提案をＥＵ委員会に求めている。96年11月14日には，ＥＵ議会が，電気・電子機器廃棄物につき，生産者責任原則に基づく指令提案をＥＵ委員会に求めるとともに，塩素，水銀，ＰＶＣ，そしてカドミウムその他の重金属等の危険物質が廃棄物に混入する量の削減を目的とする指令提案をＥＵ理事会及びＥＵ委員会に求めている。97年2月24日にＥＵ理事会が決定した廃棄物管理戦略でも，できる限り速やかに電気・電子機器廃棄物に対

する措置提案をEU委員会に求めていた。こうした要請に応ずるべく，EU委員会が2つの指令提案を行うに至ったのである。

指令提案の趣旨について

指令提案に対するEU議会意見書等をふまえ，EU委員会は指令提案理由につき修正・補足を行っている。

- 指令の指導理念として，拡大生産者責任が強調され，この理念に基づき，現在は外部化されている廃棄物処理費用の内部化を目指すとの目的が明確にされた。そして生産者責任ができる限り高度に機能を発揮するために，生産者は，生ずる費用を集団的にではなく個別に果たすべきものとされている。
- インターネット販売等の遠隔地間の販売について，そうして販売された機器の処理コスト負担を生産・販売者に義務づける仕組みが求められた。
- 電気・電子機器のライフサイクル全体にわたる環境影響低減のための開発・設計・生産コンセプトの確立，構成国により，修理が容易で，技術進歩に対応した製品自体のアップ・グレード化への対応を可能とし，再使用，分解，リサイクルが容易な機器コンセプトの提示と生産・流通体制の整備促進
- 他の一般廃棄物と完全に分離された電気・電子機器廃棄物の回収・処理システムの確保，とくにリサイクル過程における安全と環境保護のための水準確保。構成各国は，高度の環境保護水準確保のため，技術水準に対応した再生・リサイクリング技術の実施を確保しなければならず，EU委員会は，リサイクリングと処理取扱施設，そこでの作業についての指令提案が求められている。

電気・電子機器廃棄物指令案の内容

目的と適用範囲について

本指令の目的は，最終処分しなければならない廃棄物量を削減するため，電気・電子機器廃棄物の発生回避を優先し，さらに排出されたものの再使用，リサイクリングその他の形態での再生を行うことである。またこれらの機器のライフサイクルに関わる人々，とりわけ処理取扱を直接担う企業関係者の環境保護能力の改善をも目的に掲げられている。

本指令の対象は，非常に広範である。本指令にいう「電気・電子機器」とは，その正常な作動のために，電流もしくは電磁場を必要とする機器，並びに電流及び電磁場の発生，伝送および測定のための機器で，付属書ⅠAに列挙されているカテゴリーに入り，作動のために最高1000ボルトの交流ないしは最高1500ボルトの直流を装備しているものをいい，また，ケーブル，代替・交換部品が組み込まれた機器に及ぶ。したがって当該機器が使用期間中にどのように手入れされ，修理されているか，生産者が提供した部品が関係諸規定通りに組み込まれているかに関わりなく適用される。

　本指令において拡大生産者責任を負う「生産者」とは，自らの商標で電気・電子機器を生産販売する全ての事業者をいい，前述の通りインターネット販売等の遠隔地間販売を行う者も当然含まれる。遠隔地間販売については，EU議会が追加事項を求めており，それによれば，遠隔地間販売の方法によりEU域内に販売された機器について，当該機器の生産者は，構成国の所轄監督官庁に，本指令に定められている生産者の義務を負い，義務履行のための充分な財政資金を有する，構成国内に定在する事業所を指定しなければならない。

分別回収と回収機器処理措置について

　本指令第4条により，構成国は，本指令施行後30ヶ月内に，電気・電子機器廃棄物を一般の廃棄物と分別回収するシステムを確立し，一般消費者が無料で機器を排出するための回収ステーションの設置を確保しなければならない。回収ステーションについては，放射性もしくは生物性有害物質，その他の有害物質による汚染や従業員の健康と安全に対する危険に対応できる人材の確保と，必要な技術水準を満たす施設が設けられなければならない。構成国は，生産者が集団として，あるいは個別に回収を実施することを確保するが，生産者は，回収システムの運営にあたり認証を受けたマネージメントシステムに従った再生を実施する責任を負う。構成国は，遅くとも2005年12月31日までに，住民一人あたり平均で，最低6kg/年の分別回収量を達成するための措置を執らなければならない。

生産者は，電気・電子機器廃棄物の回収機器の処理取扱のためのシステムをもうけ，技術水準に対応した再生・リサイクル技術を投入しなければならない。このシステムは，生産者が集団として，あるいは個々的に運営することができる。ＥＵは，すでに廃棄物指令によって，各構成国に廃棄物の再生，処理過程において人の健康と環境の確保を求めているが，本指令では，機器からの液体の除去等，廃棄物指令に従った機器処理措置と，処理施設自体が廃棄物指令に基づく所轄官庁による許可を取得することを求めている。また所轄官庁による毎年の検査の実施と，当該施設での処理廃棄物の種類と量，付属書Ⅲに記載されている技術項目の履行，安全対策と従業員の健康保持上の措置実施状況について構成国でとりまとめ，ＥＵ委員会に報告することを求めている。また，構成国が，回収機器処理施設・事業所の，環境マネジメントシステム導入を支援することを求めている。

　一般家庭からの電気・電子機器廃棄物分別回収，回収機器処理措置，再生・リサイクリング及び環境適合的な処分にかかるコストは，生産者が負担するものとし，構成国は生産者によるコスト負担を確実にしなければならない。ただし，本指令施行前にすでに別のコスト負担システムが導入されている国においては，本指令施行後最長10年間は，既存システムの（手直しを含む）存続が許される。また，本指令施行後30ヶ月の期間満了前に市場に出された製品につき，それが廃棄物となったもの（旧機器廃棄物）の一連の処理コストについては，コスト発生時点で存在する全生産者間で，各機器の種類ごとの市場占有率に応じたコスト負担が求められている。この点につきＥＵ議会の意見書では，各機器の平均的な寿命に応じて，本指令施行後最長10年間を移行期間として，この間の旧機器廃棄物にかかる処理コストを，新製品の販売価格に上乗せする可能性を認めることが求められていたが，ＥＵ委員会は，個別生産者のコストを消費者に転嫁することを個々の生産者に許すことは不必要であるとして，この修正には同意していない。

再生・リサイクル率についての達成目標

　本指令は，EU構成国に対して，分別回収されたすべての電気・電子機器廃棄物が，できる限り高い再使用・リサイクル率を達成するために，再生過程に回されることを確保することを求めており，そのために各構成国は，生産者が2005年12月31日までに，分別回収機器につき，以下に掲げる目標率を達成するための取り組みを進めることを求めている。目標率は，再生率と，再使用・リサイクル率（すなわち実際の利用率）に分けて設定されている（各カテゴリーは付属書ⅠAによる。いずれも当該機器の平均重量比）。

- カテゴリー1及び10
  再生率　90％以上　　再使用・リサイクル率　85％以上
- カテゴリー2，4，6，7（各カテゴリーにつき陰極管を含む機器を除く）
  再生率　70％以上　　再使用・リサイクル率　60％以上
- カテゴリー3及び4（各カテゴリーにつき陰極管を含む機器を除く）
  再生率　85％以上　　再使用・リサイクル率　70％以上
- ガス放電ランプ　　再使用・リサイクル率　85％以上
- 陰極管を含む機器　　再生率　80％以上　　再使用・リサイクル率　75％以上

情報提供について

　電気・電子機器廃棄物が適切に分別回収され，回収機器の処理措置の上，再生・リサイクルに回るためには，まず第一に機器利用者が分別回収に取り組む体制を確立することである。本指令は，近隣に回収ステーションを整備し，そこで無料で引き取るのみならず，デポジット制を導入することにより分別回収率を引き上げることも提案しており，これを前提に，分別排出を消費者の義務とし，これを遵守しない消費者に対する制裁措置の導入可能性を認めている。そして電気・電子機器に使われている危険物質と，これを原因とする環境被害の可能性についての，生産者による消費者への情報提供を図ることを構成国に求め，分別回収されるべき旨の表示・記号を指示している。また，生産者が，

機器の再使用センター，回収機器処理取扱施設，リサイクリング施設に対して，機器の部品，材料，危険物質及び添加剤についての情報を与えるとともに，保守手入れ，再使用，アップグレード及び装備変更のためのハンドブックを発行することの確保を求めている（第10条）。

実施状況のモニタリングシステムについて

各構成国は，本指令に基づく責任を負うべき生産者リストを作成し，構成国内で販売され，回収，再使用，機器処理取扱施設を介してリサイクルに回る電気・電子機器の量とカテゴリー，採用されているリサイクリング・再生・機器処理取扱に関する技術水準に関する情報，処理，回収，再生コストについてのデータ等を毎年EU委員会に報告しなければならない。また各構成国は，これら数値情報を含め，本指令の実施状況についての報告書を2年ごとにEU委員会に提出しなければならない。各構成国は，すでに廃棄物指令により各国に策定が求められている廃棄物処理計画に，電気・電子機器廃棄物の処理に関する章を設け，本指令に掲げられている目標と実施措置の遂行手続きについての記載が求められることとなった（EU議会意見13a条）。また，各構成国は，本指令に従い発せられる国内法規に対する違反に対しては，効果的で，相当性を維持しつつ，かつ威嚇的効果のある罰則を定めることも求められている（14a条）。各国は，本指令施行後18ヶ月以内に，本指令に従い必要となる国内法規及び行政規定を整えるとともに，EU委員会が本指令の遵守を審査することを可能とするために必要な査察・監視インフラを整えなければならない（16a条）。

電気・電子機器における危険物質使用制限指令案について
指令提案に至る経緯

廃棄物に種々様々な危険物質が混入し，これが処理過程において環境汚染のみならず，処理に携わる作業員の健康，安全上の重要な問題となっていること，さらには，危険物質の混入のためにリサイクリングの妨げにもなっていることは，すでに繰り返し指摘されてきた。廃棄物管理に関する共同体戦略検討のた

めのEU委員会通知（96年7月30日）は，廃棄物中の危険物質含有を低減するため，工業製品とその生産過程における危険物質使用制限のための法規制の必要性を指摘していた。また，カドミウム環境汚染克服アクションプログラムについてのEU理事会決定（88年1月25日）は，カドミウムの使用制限と代替製品研究のためのインセンティブを含む包括的な戦略の必要性を提起し，カドミウムの使用は，より安全で適切な代替策が採れない場合に限定されるべきことを強調している。今回の指令案は，こうした要請に応えるものであり，電気・電子機器廃棄物指令提案と相まって，危険物質の廃棄物混入の低減，環境保護と，電気・電子機器廃棄物リサイクリングの可能性と経済的利益率の引き上げ，リサイクリング事業における従業員の健康影響の低減を実現すべく提起されたのである。

指令の目的と適用領域

本指令は，電気・電子機器における危険物質の使用制限に関する，構成国の法規定の調和を図り，機器生産，使用，回収機器処理措置及び処分に伴う環境及び人の健康の危険等を最小化することを目的としている（第1条）。適用対象は，電気・電子機器廃棄物指令提案付属書ⅠAに列挙されているカテゴリーに入る機器，並びに白熱電球，省エネランプ及び居間照明である（第2条1項）。

危険物質制限の内容と体制

危険物質使用制限は，当初のEU委員会提案では，2008年1月1日以降販売される機器を対象にしていたが，EU議会の意見書では，2年の前倒しが求められている。すなわちEU構成国は，2006年1月1日以降，市場に出される新しい電気・電子機器が，鉛，水銀，カドミウム，六価クロム，ポリ臭化ビフェニール（PBB）及びポリ臭化ディフェニールエーテル（PBDE）を含まないことを確保する。ただし附属書に記載されている用途に，鉛，水銀，カドミウム及び六価クロムを使用する場合を例外とする。さらにEU議会の意見書では，使用制限物質の拡大を視野におき，「EU議会と理事会は，必要な科

学的知見と危険評価の結果に基づき，遅滞なくその他の危険物質を禁止し，少なくとも消費者にとって同等の保護水準を保証する別の環境適合的物質によって代替する決定を行うこと」との一文の明記が求められている。

付属書で使用制限から除外される，鉛，水銀，カドミウム及び六価クロムの使用対象は，以下の通りである。なお，(*削除*) および斜体の太字はＥＵ議会での修正意見に基づく削除と追加項目であり，ＥＵ委員会もこの方向で指令案の修正を行っている（サーバー等の鉛使用については，ＥＵ委員会はこの例外扱いを 2010 年までの期限付きで認める方針である）。

- 一蛍光灯管あたり 5 mg 以下の省エネランプ内の水銀
- 一蛍光灯管あたり 10 mg 以下の蛍光管内の水銀
- 本付属書ではとくに挙げていない電灯
- ~~実験機器の水銀~~ (*削除*)
- ~~放射線防止としての鉛~~ (*削除*)
- 陰極管，白熱電灯及び蛍光灯管のガラスにおける鉛
- 0.3 以内の重量比の鉛を含むスチール合金における鉛，0.4 以内の重量比の鉛を含むアルミニウム合金，及び 4％以内の重量比の鉛を含む同合金における鉛
- セラミック電子部品における鉛
- ~~セレン写真フィルム表面におけるカドミウム酸化物~~ (*削除*)
- *高温融点のハンダ剤内の鉛*
- *電機部品内の鉛ガラス*
- *圧電部品内の鉛*
- *音及びデータ転送のためのサーバー，保存・大量保存システム内の鉛*
- *特殊な仕様のための反腐食剤としてのカドミウム不動態化*
- ~~放射能吸収分光器のための中空陰極ランプ，及び重金属測定装置のカドミウム，水銀及び鉛~~ (*削除*)
- 吸収冷蔵庫のなかの炭素鋼-冷却システムの反腐食剤としての六価クロム

本指令のもとでの措置の審査が，2003 年 12 月 31 日までに予定されており，

EU委員会は，この審査に関連して，臭化難燃剤の代替物の提案も考慮されることになっている。この審査にあたっては，とくにHFC，PVC，その他のハロゲン含有難燃剤の環境影響と健康影響の検討が課題としてあげられている。EU議会意見書による修正で，EU委員会は，これらの物質の代替可能性を審査し，EU議会と理事会に本指令の拡大のための提案を行うことを求められている。

　EU構成国は，本指令施行後18ヶ月以内に，本指令に対応する国内法の整備が求められている。
　ドイツでは，旧コール政権のもとで，情報・事務・コミュニケーション機器処理政令案がドイツ連邦議会に提出されたが，連邦参議院において大幅な修正が行われた。現政権のもとで99年，連邦参議院環境委員会が決定した修正提案を見ると，政令の対象を大型家庭機器，娯楽電子機器，小型電子機器にも拡大し，事実上すべての電気・電子機器を包括することとしている。一般家庭からの回収は，当初の政令案同様自治体が所管し，回収機器を生産者及び生産者が整備する回収システムに移送するものとされている。回収機器の再生，処理措置及び最終処分の責任とコストは関連業界の負担とされ，生産者は，自己の商標を付した機器のみならず，他の生産者の同種機器も引き取る義務が規定されている。処理の集団化等の方法を含め，詳細についての議論はなお継続中であり，いずれにせよ今後EU指令とのすり合わせが必要となろう。
　以上紹介した両指令提案の内容に見られるとおり，EU域内に生産拠点を有するメーカーのみならず，日本国内もしくは第三国で生産された製品についても等しく規制の対象となり，かつ処理に関わる生産者責任の履行が求められており，日本のメーカーにも万全の対応が求められている。

付属書 I

A 本指令の適用領域に入る電気・電子機器
のカテゴリー

1．大型家庭機器
2．小型家庭機器
3．ＩＴ並びに情報通信機器
4．娯楽用電子機器
5．照明本体
6．電動・電子器具
7．玩具, *余暇・スポーツ機器*
8．医療用装置（ただし，内移植される，そして感染用製品を除く）
9．監視・管理道具
10．自動販売機

付属書 I

B 付属書 I に挙げられているカテゴリーに
当てはまる製品の例

1．大型家庭機器
　　大型冷蔵器
　　冷蔵庫
　　冷凍器
　　洗濯機
　　食器洗い機
　　オーブンレンジ
　　電気レンジ
　　電気プレート
　　電子レンジ
　　暖房器具
　　電気発熱体
　　電気換気扇
　　(組み込まれていない) エアコン
2．小型家庭機器
　　電気掃除機
　　絨毯用掃除機
　　アイロン
　　トースター
　　電気揚げ鍋
　　コーヒーミル
　　電動ナイフ Elektrische Messer
　　コーヒーメーカー
　　ヘアードライヤー
　　電気歯ブラシ
　　電気カミソリ
　　時計
　　電気測量器
3．ＩＴ並びに情報通信機器
　　中央データ処理：
　　大型計算機
　　マイクロコンピュータ
　　プリンター
　　ＰＣ領域：
　　ＰＣ（マウス，モニター，キーボードを含む）
　　ラップトップ（計算機の中央処理装置

（ＣＰＵ），マウス，モニター及びキーボードを含む）
　　ノートブック
　　電子手帳
　　プリンター
　　コピー機
　　電気タイプライター
　　ポケット・卓上計算機
　　ユーザー端末・システム
　　ファックス
　　テレックス
　　電話機
　　公衆電話機
　　無線電話機
　　携帯電話機
　　留守番電話機
 4．娯楽用電子機器
　　ラジオ器具（ラジオめざましき，ラジオレコーダー）
　　テレビ
　　ビデオカメラ
　　ビデオレコーダー
　　ハイファイレコーダー
　　低周波増幅器
　　楽器
 5．照明本体
　　電灯
　　蛍光管
　　節電ランプ
　　放電ランプ，高圧ナトリウムランプと金属ハロゲンランプを含む

　　低圧ナトリウムランプ
　　その他の照明器具
 6．電気・電子器具
　　ドリル
　　ノコ
　　ミシン
 7．玩具
　　電気鉄道もしくは自動車レース道路
　　ビデオゲームのための手持ち器具
　　ビデオゲーム
 8．医療用機器（ただし，内移植される，そして感染用製品を除く）
　　放射線療法のための機器
　　心臓病用機器
　　透析機器
　　肺胞換気機器
　　放射線機器
　　試験管診断学用の実験室機器
　　分析機器
　　冷凍装置
 9．監視・管理器具
　　煙探知機
　　温度調節器
　　サーモスタット
10．自動販売機
　　熱い飲み物の自動販売機
　　熱いものと冷たいもの，瓶，カンの自動販売機
　　固形製品自動販売機

あ と が き

　「地球」「生命」「社会」「環境」をキーワードに，これらが1つのシステムの中で関連し互いに影響しあって存在する様をみてきた。これらのキーワードは単独には語り得ないものである，ことを伝えたかった。これは1つの試みである。
　地球科学も生命科学も社会科学も，多くの分野が関係し，広範および多岐にわたっている。どの分野においても，微に入り細にわたって，多くの研究成果が公表されている。ここではこれらを深く掘り下げるのではなく，相互間のつながりや関与の仕方を眺めることを試みた。少なくとも試みようとした。学問の奥深い興味や重要性とは違う別の視点から，その持続可能な方策を模索すべきである。21世紀に生きる地球市民は，このような形で物事を見つめていく必要があるように思われる。これによって，地球を巡る諸問題と関連付けたものの見方・考え方が醸成されれば幸いである。
　もちろん，欠如している分野もあるし，個々の章についても，伝えたいことを言い尽くしてはいない。しかし別の分野の他の項目も類似の発想によって考えることができよう。伝統というヴェールに包まれた世界をこのような視点から見つめなおすことがきわめて重要である。テーマや組み合わせを替えて，新たな「地球環境システム」が構築されることを願って止まない。

　この企画に快く同意され，貴重な原稿や資料をお寄せいただいた著者陣に何よりもお礼を申し上げる。異なった分野の立場を尊重し，異なった表現方法にも敬意を払い，ために，体裁などについてはむしろあまり統一を図らなかった。

　この書籍は，早稲田大学教育総合研究所の叢書として企画され，早稲田大学より刊行助成を受けた。関係各位に衷心よりお礼を申し上げる。図版の作成にあたっては，早稲田大学大学院理工学研究科の西村　亮，関口寿史両君に手伝っていただいた。学文社の中谷太爾氏には，編集に関して大層お世話になり，ご懇切な激励を頂いた。以上の方々に深甚の謝意を表する。

2004年3月　　　　　　　　　　　　　　　　　　　　　　　　編　者

索引

あ

アグロフォレストリー　104, 106
浅間山　68
アセノスフェア　10
アダム・スミス　198
阿寺断層　50
跡津川断層　47
雨　90
安山岩質マグマ　62
鞍部　45
遺伝子組換え作物　182
遺伝情報　153
遺伝的多様性　138
Wilson Cycle　131
上盤　31
雲仙普賢岳　65
エアロゾル　70
液状化　42
エコデザイン　214
S波　32
エトナ火山　70
NGO　96, 99, 205
NPO　205
エネルギー資源　109
FAO　102
応力　30
大きな政府　205
ODA　96
オパーリン　158

か

外核　10
海溝　23
海溝型地震　23
海水　79
海底噴気鉱床　116
外部経済　201
外部効果　201, 203
外部性　204
海洋地殻　11
海洋プレート　21
改良カマド　105
海嶺　22
化学的酸素要求量　172
化学農薬　186
河岸侵食　99
拡大生産者責任　224
家計　197
花崗岩質層　10
火山　54, 62-73
火山の分布　65-67
火山噴火　65-73
過剰耕作　101, 103
過剰放牧　101
カスリーン台風　94
火成岩　55, 60
火成鉱床　114
火成作用　55
河川法　96
活断層　43
過放牧　102
ガラス包有物　74
灌漑用水　87, 89
環境　128
環境基本計画　206
環境コスト　204
環境税　201
環境の要素　128, 129
環境変動　128, 129
環境保全型農業　177
環境ホルモン　187
換金作物　104
岩石　55
岩石圏　10
企業　197
逆断層　31
休耕期間　103
共生　196, 203, 204
競争　196
キラウエア火山　70
均質化温度　122
クラカトア火山　70
クリック　158

黒鉱鉱床　117
群集多様性　138
景観多様性　138
経済取引　198
傾斜移動断層　31
下水処理　172
結晶　57
結晶包有物　74
結晶系　57
結晶分化作用　62
ケルンコル　45
玄武岩質層　11
玄武岩質マグマ　61, 63
鉱化溶液　118
工業用水　82, 84, 89
工業用水の回収率　87
光合成　160, 161
鉱床　112
降水　79
洪水　93
鉱石　113
高度経済成長　87
後背湿地　99
鉱物　56
鉱物資源　111
衝平性　142
鉱脈鉱床　116
効率性　199, 203, 204
黒曜岩　76, 76
固体地球　7
固溶体　58, 59

さ

災害　92, 96
サイクロン　96
最小流量　94
再生可能資源　82
最大流量　94
細胞　154, 155
砂漠化　99, 100, 105
サハラ砂漠　99, 101
サバンナ地帯　101

サヘル地域　99
作用と反作用　160
COD　172
時間雨量　92, 93
資源　109
資源の効率的配分　199
資源の最適配分　199
市場経済システム　196, 198
市場の失敗　200, 202
自然生態系　169
自然選択　128, 130
自然堤防　99
持続可能　103, 106
持続可能な成長　203
下盤　31
縞状鉄鉱層　117
社会情報　154
社会的費用　201
シャノン・ウィーナー係数　143
収束境界　23
取水量　84
種多様性　138
種多様度　141
種の豊富さ　142
種密度　142
自由財　202
循環型農業　179
晶子　75, 76
衝上断層　31
衝突境界　27
蒸発　79, 81
蒸発鉱床　118
消費境界　23
消費者　163
昭和新山　68
初期微動断続時間　32
食物網　164, 165
食物連鎖　178
植林　106
初生包有物　119
震央　30
進化の定義　130
震源　30
人口圧力　104
人口増加　96, 100
薪炭材　104

人的資源　110
震度　33
シンプソン係数　143
森林破壊　104
人類の出現　161, 167
水質適応性　173
水蒸気　81
水道料金　89
水利権　87
スカルン鉱床　115
ストロマトライト　161
Superplume　132
生物化学的酸素要求量　172, 173
生活用水　82, 84
生産境界　23
生産者　163
生産者責任原則　222
生産要素　197
生態系　163
生態系におけるエネルギーの流れ　165
正断層　31
政府　197, 205
生物多様性　136
生物多様性の価値　148
生物濃縮　168, 170
生物防除　189
正マグマ鉱床　115
生命の起源　158, 161
世界の人口　84
世界水フォーラム　78
セカンドーベスト　199, 204
石基　61
接触交代鉱床　115
雪氷　79
絶滅　146
セントヘレンズ火山　69
造岩鉱物　56–59
走行移動断層　31
層状含銅硫化鉄鉱鉱床　117

た

ダイオキシン　220
大気中 O_2 濃度　162
堆積岩　55

堆積鉱床　114
堆積作用　55
大陸地殻　11
大陸プレート　19
大量絶滅　128, 130, 132
多形　59
縦ずれ断層　31
淡水　79
弾性波　29
断層地形　45
断層変位　39
丹那断層　51
小さな政府　205
地殻　9
地殻熱流量　14
地下水　79
地球温暖化問題　203
地球上の水の量　79
地球内部熱　13
地質圧力計　123
地質温度計　122
地震　30
地震災害　39
治水　96
治水対策　94
チャド　101
チャド湖　101, 105
中央構造線　47
津波　39
デポジット制　227
電気・電子機器廃棄物指令案　217
統合性原則　208
統合的製品政策　207
等粒状組織　59
閉じたシステム　79
利根川　94
トランスフォーム断層　36

な

内核　10
内分泌攪乱化学物質　168
内陸型地震　25
新潟地震　42
21世紀は水の世紀　78
日雨量　93
根尾谷断層　39

熱機関　6
熱水鉱床　116
ネバド・デル・ルイス火山　69
年降水量　91
農業生態系　167, 169
農業用水　82, 84, 89
濃尾地震　39
農薬　168, 186

は

バイオマス　165
背景絶滅　130
パスツール　158
発散境界　21
斑岩型鉱床　116
バングラデシュ　96
斑晶　61
斑状組織　61
磐梯山　68
BOD　172, 173
P波　31
微生物農薬　189
氷河　79
兵庫県南部地震　39
漂砂鉱床　117
肥料　168, 171
貧困　96, 104
品種改良　181
富栄養化　171, 173
フェロモン　188
付加体　26
負結晶　120
物質資源　110
物質情報　153

プレート　18
プレート境界　35
プレートテクトニクス　19
分解者　165
噴火予知　71, 72
平均変位速度　44
平均流量　94
ペグマタイト鉱床　115
ベストシステム　204
ペットボトル　89
変晶　56
変成岩　56
変成鉱床　114
変成作用　56
包有物　118
牧畜　100
保全生態学　150
保全生物学　150
本源的生産要素　204
本源マグマ　61
本震　41

ま

マウナロア火山　70
マグニチュード　33
マグマ　55, 59 - 63, 73 - 75
マンガン団塊　117
マントル　9
マントル対流　16
水資源　82
水資源白書　82
水の循環　79
水の値段　87
水利用　85
緑のサヘル　99

ミネラルウォーター　89
三宅島雄山　65, 71
ミラー　159
Milankovitch Cycle　134
娘鉱物　122
面積・種数曲線　142
モンスーンアジア　92, 96

や

焼畑　103
有機農法　184
優占種への集中度　142
融体包有物　74
溶融体　55
横ずれ断層　31
余震　42

ら

リサイクリング　220
利水　96
リソスフェア　10
硫酸還元菌　173, 174
流出　79, 81
流体包有物　118
流動圏　10
流紋岩質マグマ　62, 63
流量　94
レアメタル　113

わ

輪中　99
ワトソン　158

編 著 者

編著者	円城寺　守	（えんじょうじ　まもる）	早稲田大学教育学部教授
著　者	藤森　　嶺	（ふじもり　たかね）	曽田香料（株）顧問，帯広畜産大学・東京農業大学客員教授
	長谷川眞理子	（はせがわ　まりこ）	早稲田大学政治経済学部教授
	平野　弘道	（ひらの　ひろみち）	早稲田大学教育学部教授
	北山　雅昭	（きたやま　まさあき）	早稲田大学教育学部教授
	久保　純子	（くぼ　すみこ）	早稲田大学教育学部助教授
	坂　　幸恭	（さか　ゆきやす）	早稲田大学教育学部教授
	櫻井　英博	（さくらい　ひでひろ）	早稲田大学教育学部教授
	高木　秀雄	（たかぎ　ひでお）	早稲田大学教育学部教授
	高橋　一馬	（たかはし　かずま）	緑のサヘル代表理事
	藁谷　友紀	（わらがい　ともき）	早稲田大学教育学部教授

（2004年3月現在，ＡＢＣ順）

さし絵：小笠原　暢雄

地球環境システム　　［早稲田教育叢書］

2004年8月31日　第1版第1刷発行

編著者　円城寺　守

編修者　早稲田大学教育総合研究所
　　　　〒169-8050　東京都新宿区西早稲田1-6-1　電話　03（5286）3838
発行者　田　中　千津子　　　〒153-0064　東京都目黒区下目黒3-6-1
　　　　　　　　　　　　　　電　話　03（3715）1501（代）
発行所　株式会社　学文社　　FAX　03（3715）2012
　　　　　　　　　　　　　　http://www.gakubunsha.com

© Mamoru Enjoji 2004　　　　　　　　　　　　印刷所　シナノ
乱丁・落丁の場合は本社でお取替します
定価はカバー・売上カードに表示

ISBN 4-7620-1294-7

早稲田教育叢書

早稲田大学教育総合研究所　編修

環境問題への誘い——持続可能性の実現を目指して
　　　　　　　　　　　　　　　北山雅昭編著　税込 2100 円

経済学入門——クイズで経済学習
　　　　　　　　　山岡道男・淺野忠克・山田幸俊編著　税込 1785 円

数学教育とコンピュータ
　　　　　　　　　　　　　　　守屋　悦朗編　税込 2415 円

ファジィ理論と応用——教育情報アナリシス
　　　　　　　　　　　　　　　山下　　元編　税込 1785 円

コンピュータと教育——学校における情報機器活用術
　　　　　　　　　　　　　　　藁谷　友紀編　税込 1575 円

現代学校改革と子どもの参加の権利
　　　　　——子ども参加型学校共同体の確立をめざして
　　　　　　　　　　　　　　　喜多明人編著　税込 1890 円

子どもたちはいま——産業革新下の子育て
　　　　　　　　　　　　　　　朝倉征夫編著　税込 2205 円

多文化教育の研究——ひと，ことば，つながり
　　　　　　　　　　　　　　　朝倉征夫編著　税込 1890 円

学校知を組みかえる——新しい"学び"のための授業をめざして
　　　　　　　　　　　　　　　今野喜清編著　税込 2310 円

子どものコミュニケーション意識
　　　　　——こころ，ことばからかかわり合いをひらく
　　　　　　　　　　　　　　　田近洵一編著　税込 2205 円

学校社会とカウンセリング——教育臨床論
　　　　　　　　　　　東清和・高塚雄介編著　税込 2100 円

大学生の職業意識の発達——最近の調査データの分析から
　　　　　　　　　　　東清和・安達智子編著　税込 1890 円

教師教育の課題と展望——再び，大学における教師教育について
　　　　　　　　　　　　　　　鈴木　慎一編　税込 2100 円

英語教育とコンピュータ
　　　　　　　　　　　　　　　中野美知子編　税込 1785 円

国語の教科書を考える——フランス・ドイツ・日本
　　　　　　　　　　　　　　　伊藤　　洋編著　税込 2205 円

ジェンダー・フリー教材の試み——国語にできること
　　　　　　　　　　　　　　　金井景子編著　税込 2205 円

国語教育史に学ぶ
　　　　　　　　　　　　　　　大平　浩哉編　税込 1785 円

新時代の古典教育
　　　　　　　　　　　　　　　津本　信博編　税込 1890 円

「おくのほそ道」と古典教育
　　　　　　　　　　　　　　　堀切　　実編　税込 1890 円